5º ano

Rogério G. Nigro
Doutor em Ensino de Ciências e Matemática
pela Faculdade de Educação da Universidade de São Paulo (USP)
Mestre em Biologia
pelo Instituto de Biociências da USP
Pesquisador em ensino e aprendizagem de Ciências
Ex-professor na rede particular de Ensino Fundamental e Médio
Assessor de escolas na rede particular de Ensino Fundamental e Médio

editora ática

editora ática

Direção de inovação e conteúdo: Guilherme Luz
Direção editorial: Luiz Tonolli e Renata Mascarenhas
Gestão de projeto editorial: Tatiany Renó
Gestão e coordenação de área: Isabel Rebelo Roque e Tatiana Leite Nunes
Edição: Daniella Drusian Gomes, Gustavo Eiji Kaneto, Mayra Sayuri Hatakeyama Sato, Regina Melo Garcia e Rodrygo Martarelli Cerqueira (editores), Julia Silva Beneti, Luiza Henriques Ostrowski e Priscylla Moll Nihei (assist.)
Gerência de produção editorial: Ricardo de Gan Braga
Planejamento e controle de produção: Paula Godo, Roseli Said e Marcos Toledo
Revisão: Hélia de Jesus Gonsaga (ger.), Kátia Scaff Marques (coord.), Rosângela Muricy (coord.), Ana Curci, Brenda Morais, Cesar Sacramento, Claudia Virgilio, Patrícia Travanca, Raquel A. Taveira e Vanessa de Paula Santos
Edição de arte: André Gomes Vitale (coord.), Alexandre Miasato Uehara (edição de arte) e Christine Getschko (abertura de unidades)
Diagramação: Barbara de Souza Silva, Lisandro Paim Cardoso, Lourenzo Acunzo, Renato Akira Belarmino dos Santos
Iconografia e licenciamento de texto: Sílvio Kligin (superv.), Denise Durand Kremer (coord.), Claudia Balista, Roberta Freire, Roberto Silva (pesquisa iconográfica), Cristina Akisino (coord.) e Luciana Sposito (licenciamento de textos)
Tratamento de imagem: Cesar Wolf e Fernanda Crevin
Ilustrações: Fabio Eugenio, Giz de Cera, Hagaquezart Estúdio, Mouses Sagiorato, Paulo Manzi, Quanta Estúdio, Rubens Gomes
Cartografia: Eric Fuzii (coord.) e Robson Rosendo da Rocha
Capa: Gláucia Correa Koller (coord.) e Talita Guedes da Silva
Ilustração de capa: Carlo Giovani
Projeto gráfico de miolo: Gláucia Correa Koller (coord.) e Talita Guedes da Silva

Avenida das Nações Unidas, 7221, 3º andar, Setor A
Pinheiros – São Paulo – SP – CEP 05425-902
Tel.: 4003-3061
www.atica.com.br / editora@atica.com.br

Dados Internacionais de Catalogação na Publicação (CIP)
(Câmara Brasileira do Livro, SP, Brasil)

Nigro, Rogério Gonçalves
Projeto Ápis : ciências : 5º ano / Rogério Gonçalves Nigro. -- 3. ed. -- São Paulo : Ática, 2017.

Bibliografia.

ISBN: 978-85-0818-504-7 (aluno)
ISBN: 978-85-0818-505-4 (professor)
1. Ciências (Ensino fundamental)
I. Título.

17-07457 CDD-372.35

Índices para catálogo sistemático:

1. Ciências : Ensino fundamental 372.35

2017
ISBN: 978-85-0818-504-7 (AL)
ISBN: 978-85-0818-505-4 (PR)
Código da obra CL 740079
CAE 621858 (AL) / 621859 (PR)
3ª edição
1ª impressão

Impressão e acabamento: Brasilform Editora e Ind. Gráfica

Uma publicação SOMOS EDUCAÇÃO

APRESENTAÇÃO

O mundo é como uma esfera que gira, gira, gira...

A toda hora, a todo instante, percebemos que nada está parado: a natureza, o nosso corpo, os alimentos que comemos e que nos fornecem energia, a incessante curiosidade do ser humano...

Nas páginas deste livro, você vai ser um explorador: vai passear pela Terra, viajar pelo interior do seu corpo, lançar-se ao espaço, discutir invenções...

Então, o que estamos esperando?

É preciso transformar o mundo em que vivemos para que a cada giro a esperança nessa esfera se renove.

Vamos girar?

O autor

Quanta Estúdio/Arquivo da editora

CONHEÇA SEU LIVRO

Veja a seguir como seu livro de Ciências está organizado. Depois, com um colega, folheie o livro e descubra tudo o que está apresentado nestas páginas.

Unidades

Este livro é dividido em quatro unidades. No início de cada uma há uma imagem sobre o assunto a ser estudado.

Capítulos

São 12 capítulos no total. Cada um deles é como uma história, com início, desenvolvimento e finalização, na forma de atividades.

Se aparecer uma palavra ou expressão com fundo verde, consulte o Glossário no fim do livro.

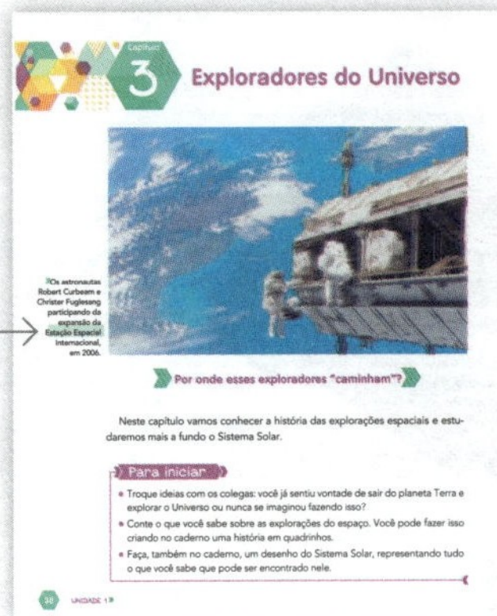

Para iniciar

Aqui você e os colegas conversam sobre o que vão estudar e podem dar opiniões sobre os temas. Queremos ouvir o que vocês têm a dizer!

Vocabulário: para facilitar a compreensão dos textos, o significado de algumas palavras será apresentado na própria página.

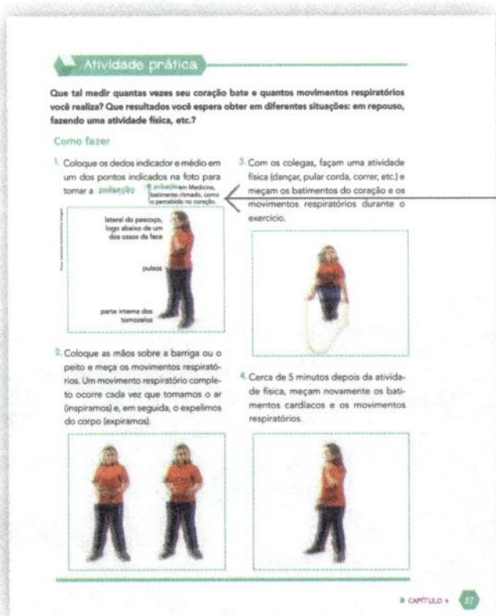

Atividade prática

Aqui você põe em prática a atividade proposta e se diverte com os colegas.

Com a palavra...

Entrevistas com diferentes profissionais farão você perceber que o conhecimento também pode ser adquirido além dos livros.

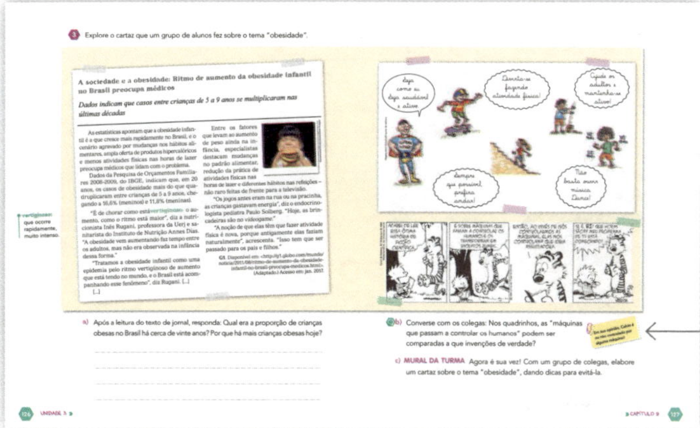

Este **bilhete** sempre traz um recado especial para você.

Mural da turma

Que tal compartilhar suas produções com os colegas? Esse é o objetivo do mural.

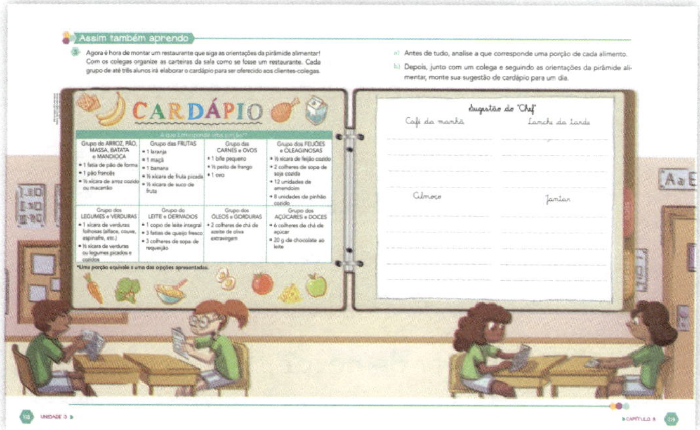

Assim também aprendo

Que tal aprender um pouco mais com jogos e atividades divertidas? Esse é o objetivo desta seção.

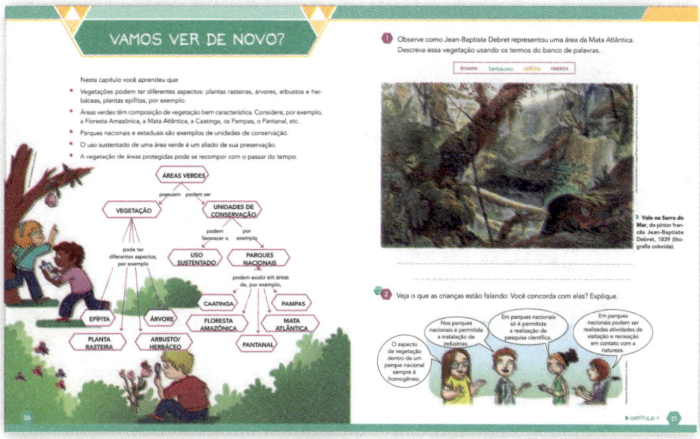

Vamos ver de novo?

Aqui você retoma o que foi estudado no capítulo por meio de textos, esquemas e atividades.

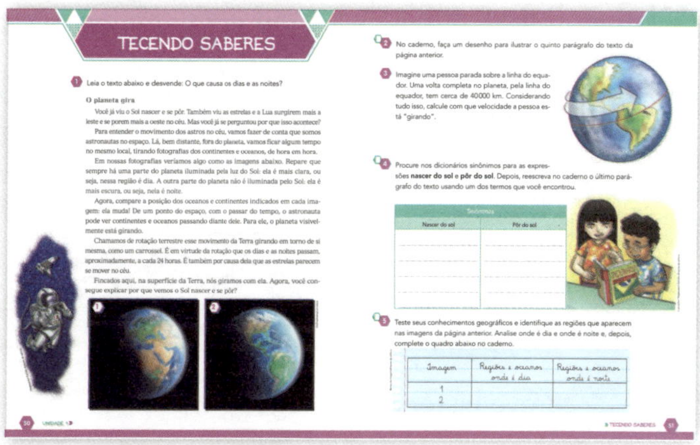

Tecendo saberes

Nesta seção você verá como tudo o que aprendeu poderá ajudar no estudo de outras áreas do conhecimento.

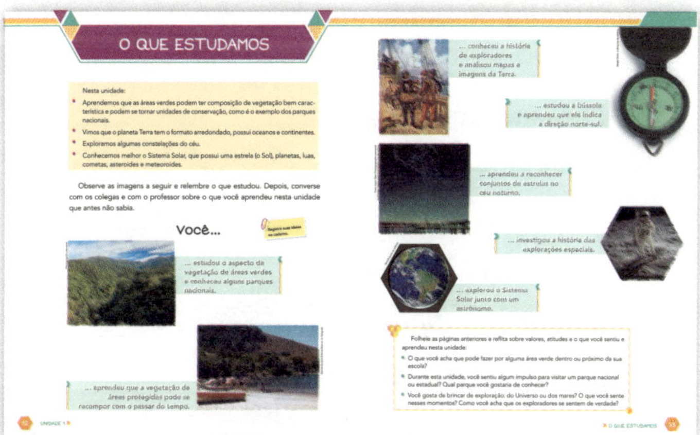

O que estudamos

Aqui você confere o que estudou, relembrando os temas trabalhados nos capítulos da unidade. Este é o momento de refletir sobre o que aprendeu e sobre a forma de agir, pensar e sentir no dia a dia.

SUMÁRIO

Quanta Estúdio/Arquivo da editora

Unidade 3

Quanta Estúdio/Arquivo da editora

Unidade 4

Unidade 1

Explorar é preciso

Rubens Gomes/Arquivo da editora

- Quantos vegetais diferentes você consegue encontrar nesta imagem? Explique em que eles diferem.
- Identifique na imagem alguma referência a instrumentos que navegadores podem usar e que os ajudam a se localizar. O que você achou?
- O que você acha que as crianças que estão brincando com foguetes estão falando sobre as explorações espaciais?

Capítulo 1

Parques nacionais e áreas verdes

Foto: Fabio Colombini/Acervo do fotógrafo
Ilustração: Hagaquezart Estúdio/Arquivo da editora

Como é a vegetação de diferentes áreas verdes?

Neste capítulo vamos estudar o aspecto da vegetação de áreas verdes e explorar parques nacionais.

Para iniciar

- Você sabe quantos parques nacionais existem no estado onde você mora? Qual é o mais próximo de sua cidade?
- Troque ideias com seus colegas: Na sua opinião, por que existem parques nacionais?
- Troque ideias com os colegas: Que ações vocês podem desenvolver para preservar as áreas verdes próximas à escola?

Atividade prática

Quantos vegetais diferentes podem ser encontrados em uma área verde que você conhece?

Como fazer

1. Acompanhado de um adulto, escolha uma área verde próxima da sua casa ou da escola para analisar a vegetação.

2. Faça desenhos da vegetação estudada.

3. Quando possível, crie legendas para os desenhos com o nome dos vegetais encontrados.

4. Coloque os resultados do seu estudo no mural da classe e compare-os com os resultados obtidos pelos colegas.

Fotos: Fernando Favoretto/Criar Imagem

Explorando áreas verdes

Vamos observar e descrever o aspecto da vegetação.

Como é o aspecto dos vegetais de uma área verde que você conhece?

É muito importante cuidarmos das áreas verdes. Nas grandes cidades, áreas verdes contribuem para melhorar a qualidade do ar. Nas margens dos rios e córregos, os vegetais têm o papel de evitar desmoronamentos e preservar os cursos de água.

Geralmente, não observamos os vegetais com atenção. Mas às vezes podemos nos surpreender: em uma pequena área podem existir vegetais muito diferentes!

Analise com atenção a imagem inicial deste capítulo. Veja abaixo uma representação que alguns biólogos começaram a fazer dessa mesma área de Mata Atlântica. Eles também anotaram o nome das plantas que identificaram. Repare que há árvores de diferentes portes e muito mais do que isso. Existem arbustos e plantas herbáceas, vegetação rasteira e também plantas epífitas.

Se os biólogos estivessem estudando uma área verde muito diferente, como um Pampa, o desenho feito por eles teria sido outro. Comparado com as florestas, nos Pampas há o predomínio da vegetação rasteira.

Além da Mata Atlântica e dos Pampas, nosso país possui outras áreas verdes extensas, com aspecto da vegetação muito característico. Só para citar alguns exemplos: Floresta Amazônica, Caatinga, Pantanal, Cerrado.

De agora em diante, fique mais atento: explore as áreas verdes ao seu redor e observe os vegetais que as compõem!

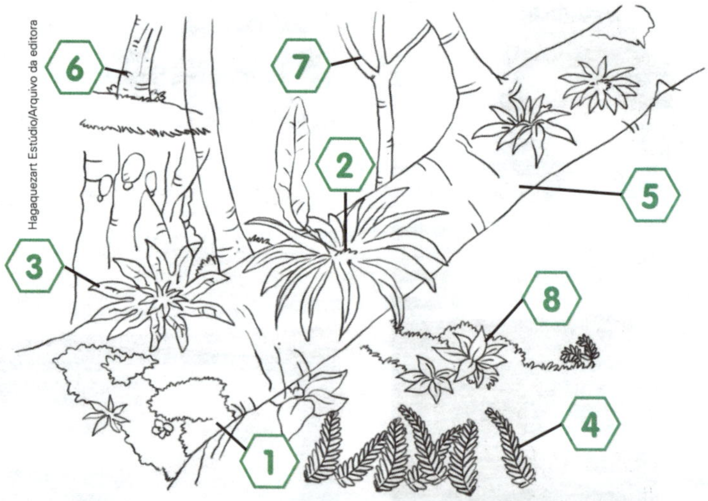

Hagaquezart Estúdio/Arquivo da editora

1 musgo
2 bromélia gravatá
3 bromélia *Neoregelia*
4 samambaia
5 canjarana
6 angico
7 cedro
8 caeté ou maranta-de-burle-marx

1 Analise o desenho feito pelos biólogos, apresentado na página anterior, e complete o quadro.

	Nome da planta	Código de identificação
Planta rasteira	Musgo	
Arbusto ou planta herbácea	Samambaia	
	Caeté	
Árvore	Canjarana	
	Angico	
	Cedro	
Epífita	Bromélia gravatá	
	Bromélia *Neoregelia*	

2 Faça uma pesquisa e, no caderno, explique cada termo da cruzadinha.

Ilustrações: Paulo Manzi/Arquivo da editora

		2										5							
		H		3		4						Á						
1	V	E	G	E	T	A	Ç	Ã	O		R	A	S	T	E	I	R	A
		R		P		R					V							
		B		Í		B					O							
		Á		F		U					R							
		C		I		S					E							
		E		T		T												
		A		A		O												

3 Os alunos começaram a fazer um mural sobre parques nacionais. Observe o aspecto da vegetação nas imagens abaixo e depois complete as lacunas dos textos. Use os termos do banco de palavras.

plantas rasteiras árvores plantas aquáticas

A vegetação nos parques nacionais

Adriano Gambarini/Acervo do fotógrafo

O Parque Nacional do Jaú fica no estado do Amazonas e possui áreas com floresta tropical: uma mata densa, com vegetação bem diversificada e grandes ______________________.

Filipe Frazao/Shutterstock

No Parque Nacional do Pantanal Mato-Grossense, localizado entre Mato Grosso e Mato Grosso do Sul, muitas áreas ficam alagadas durante grande parte do ano. Há regiões de vegetação rasteira, com aspecto de pastos; há lagoas e ______________________, como o aguapé; e também áreas com mata relativamente densa, com árvores baixas e retorcidas.

Gerson Gerloff/Pulsar Imagens

O Parque Nacional da Lagoa do Peixe está localizado no Rio Grande do Sul. Há áreas de campo com vegetação típica dos Pampas, composta principalmente de gramíneas de porte pequeno e ______________________.

4 No caderno, escreva um pequeno texto para descrever as imagens da Caatinga e da Mata Atlântica aqui apresentadas.

- Em sua descrição, ressalte o aspecto da vegetação.
- Discuta também a importância da vegetação para o ambiente.

Em uma folha à parte cole uma foto de um parque nacional próximo de onde você mora. Escreva uma legenda para a imagem.

Fonte: IBGE. **Atlas geográfico escolar**. Rio de Janeiro, 2012.

No Parque Nacional da Serra da Capivara, no estado do Piauí, podemos encontrar importantes sítios arqueológicos. O parque está em uma área com baixa ocorrência de chuvas e de aspecto árido: a Caatinga. Nessa área, conhecida como sertão, a vegetação tem aparência espinhenta, esbranquiçada e com muitos cactos.

O Parque Nacional de Itatiaia, localizado entre os estados do Rio de Janeiro e Minas Gerais, foi o primeiro parque criado no Brasil, em 1937. O seu ponto mais alto é o pico das Agulhas Negras, com 2791 metros. O aspecto da vegetação do parque varia com o aumento da altitude. Nas partes mais altas, a vegetação é mais rasteira, com gramíneas e alguns cactos. Nas demais partes há o predomínio de Mata Atlântica, com vegetação de aspecto exuberante.

Protegendo áreas verdes

Vamos estudar parques nacionais: Eles são um exemplo de unidade de conservação.

Você sabe por que é importante que parques nacionais existam?

Para conhecer um pouco mais sobre os parques nacionais e outras unidades de conservação, leia a entrevista a seguir, que foi feita com uma ecóloga.

Com a palavra...

Tatiana Rodrigues Nahas

A ecóloga Nina Nazario no Parque Nacional da Serra da Capivara, no Piauí.

Você acha importante criar parques nacionais?

Sim, a criação de um parque nacional pode contribuir bastante para evitar a degradação de uma região. Nele são permitidos somente a realização de pesquisas científicas e o desenvolvimento de atividades de educação ambiental, de recreação em contato com a natureza e de turismo ecológico.

Existem outras maneiras de promover a conservação ambiental?

Em algumas unidades de conservação é permitido ao ser humano utilizar os recursos naturais, porém de maneira que não degrade o ambiente. É aquilo que consideramos "uso sustentado". As reservas extrativistas e as reservas de desenvolvimento sustentável são alguns exemplos.

O que é necessário para explorar recursos do ambiente de maneira sustentada?

É importante que ecólogos, outros cientistas e moradores da região trabalhem conjuntamente na criação de um "plano de manejo", ou seja, um plano de exploração dos recursos que não degrade a área que se deseja conservar.

Essa atitude é melhor do que proibir totalmente a exploração dos recursos de uma região?

Na minha opinião, diferentes modelos de unidades de conservação podem ser válidos para diferentes situações. Por exemplo, existem pessoas que vivem há muitos anos em áreas que se pretende conservar e tiram seu sustento dos recursos dessas áreas. Esse é um problema de difícil resolução: não considerar a condição dos moradores da região pode levar à adoção de um modelo de unidade de conservação inadequado.

Sugestão de...

Livro

Convivendo com a ecologia. Gwena'lle Boulet, Laure Saint-Marc e Nathalie Tordjman. São Paulo: Ática, 2010.

1 Ajude a escrever os termos da **Enciclopédia digital das crianças**, explicando cada um dos termos abaixo.

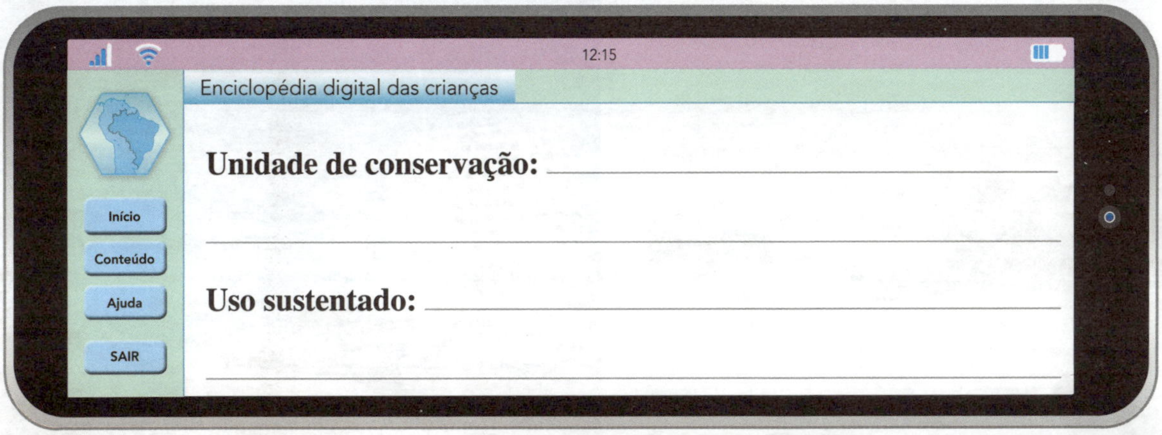

Banco de imagens/Arquivo da editora

2 Observe as fotografias e complete as descrições que começaram a ser feitas. Depois, troque ideias com os colegas e esclareça as dúvidas das crianças.

Paulo Jares/Arquivo da editora

Visão dos limites do Parque Nacional do Iguaçu (PR).

Paulo Fridman/Pulsar Imagens

Zig Koch/Opção Brasil Imagens

Na imagem vemos uma monocultura de cana-de-açúcar. A vegetação tem o seguinte aspecto:

Em uma floresta, a vegetação se apresenta com o seguinte aspecto:

Hagaquezart Estúdio/Arquivo da editora

3 Observe as mudanças da paisagem que ocorreram ao longo dos anos.

Victor Frond/Coleção Particular

Enrico Marone/Pulsar Imagens

Região do Farol da Barra, na Bahia, em pintura de 1859 (à esquerda) e em fotografia de 2012 (à direita).

- Qual foi a ação do ser humano sobre a paisagem ao longo do tempo? Em sua resposta, use os termos do banco de palavras.

áreas verdes	construções

Desafio

4 Troque ideias com os colegas e tente responder à dúvida da menina abaixo:

Hagaquezart Estúdio/Arquivo da editora

5 Observe as fotografias e leia um pouco sobre a criação do Núcleo Picinguaba do Parque Estadual da Serra do Mar, em São Paulo. Depois, troque ideias com os colegas e responda à pergunta.

Denise Durand Kremer/Acervo da fotógrafa

Ilustrações: Fabio Eugenio/Arquivo da editora

O que motiva uma pessoa a visitar um parque nacional ou estadual? Você já visitou algum?

Denise Durand Kremer/Acervo da fotógrafa

- Se o parque não tivesse sido criado, você acha que a vegetação teria se recuperado?

VAMOS VER DE NOVO?

Neste capítulo você aprendeu que:

- Vegetações podem ter diferentes aspectos: plantas rasteiras, árvores, arbustos e herbáceas, plantas epífitas, por exemplo.
- Áreas verdes têm composição de vegetação bem característica. Considere, por exemplo, a Floresta Amazônica, a Mata Atlântica, a Caatinga, os Pampas, o Pantanal, etc.
- Parques nacionais e estaduais são exemplos de unidades de conservação.
- O uso sustentado de uma área verde é um aliado de sua preservação.
- A vegetação de áreas protegidas pode se recompor com o passar do tempo.

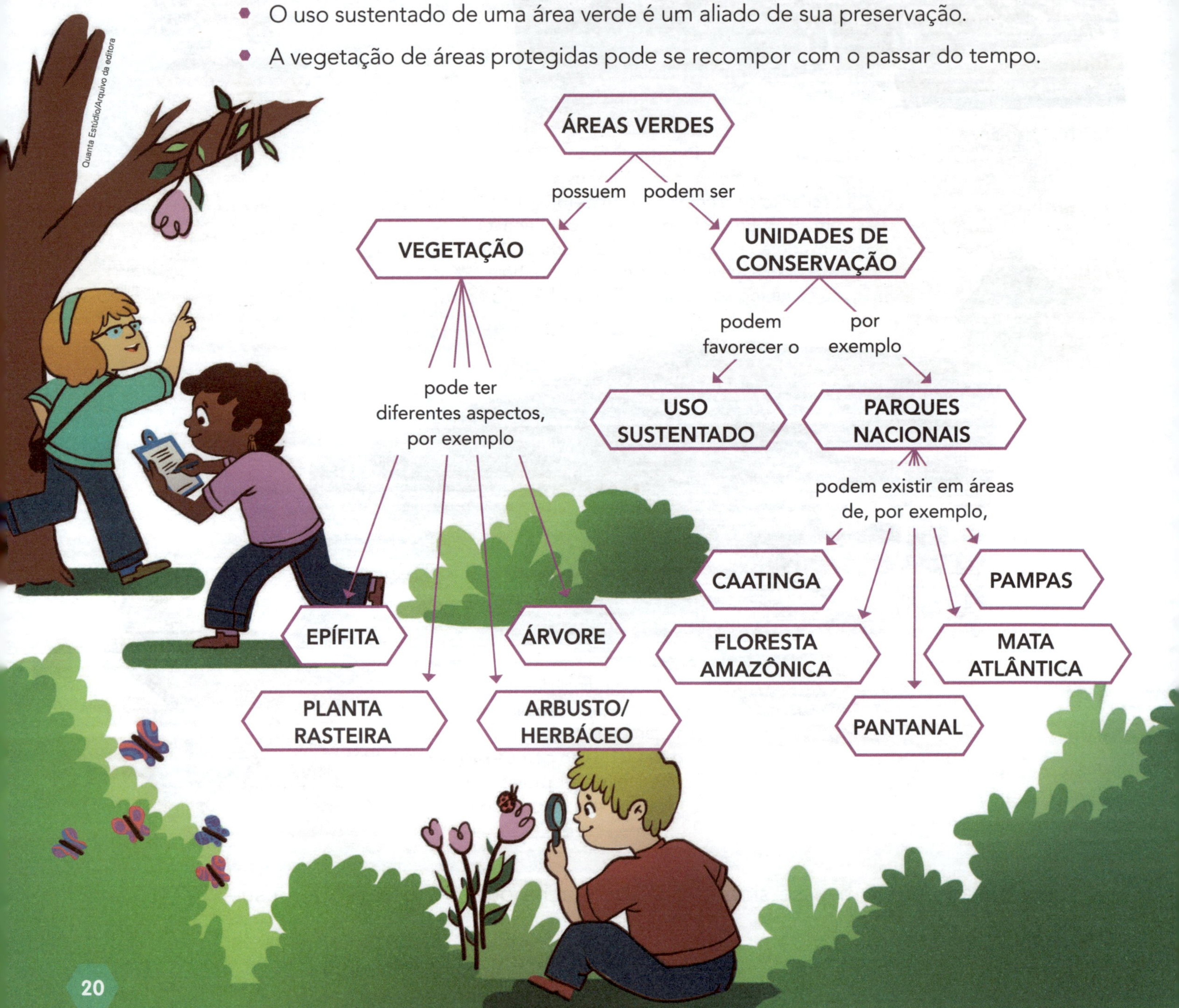

Quanta Estúdio/Arquivo da editora

1 Observe como Jean-Baptiste Debret representou uma área da Mata Atlântica. Descreva essa vegetação usando os termos do banco de palavras.

árvores	herbáceas	epífitas	rasteira

Jean-BaptisteDebret/Glow Images/Bridgeman Images/Bibliotheque Sainte-Genevieve, Paris, France.

» **Vale na Serra do Mar**, do pintor francês Jean-Baptiste Debret, 1839 (litografia colorida).

2 Veja o que as crianças estão falando: Você concorda com elas? Explique.

Hagaquezart Estúdio/Arquivo da editora

Capítulo 2

Exploradores da Terra

Newell Convers Wyeth/Bridgeman Images/National Geographic Creative/Glow Images/Coleção Particular

As caravelas de Colombo, de Newell Wyeth, 1927 (litografia colorida).

Como as explorações ampliam nosso conhecimento da Terra?

Neste capítulo vamos explorar o planeta Terra. Conheceremos a história de exploradores, analisaremos mapas e imagens da Terra e aprenderemos como as bússolas funcionam.

Para iniciar

- Você tem vontade de ser um explorador? Que viagens gostaria de fazer? Que meios de transporte gostaria de utilizar?
- No caderno, faça um desenho de como você imagina que seja o planeta Terra visto de uma nave espacial.
- Você já viu ou usou uma bússola? Caso já tenha visto ou usado uma, explique como ela é e como é utilizada.

Atividade prática

Que tal construir com alguns colegas um modelo em miniatura da Terra?

Material

- Balão inflável
- Caneta
- Cola
- Papéis azul, marrom e branco
- Tesoura com ponta arredondada

Troque ideias com os colegas: Como podemos representar as nuvens no nosso modelo em miniatura da Terra?

Como fazer

1. Separem os materiais e analisem com atenção um mapa ou globo terrestre.

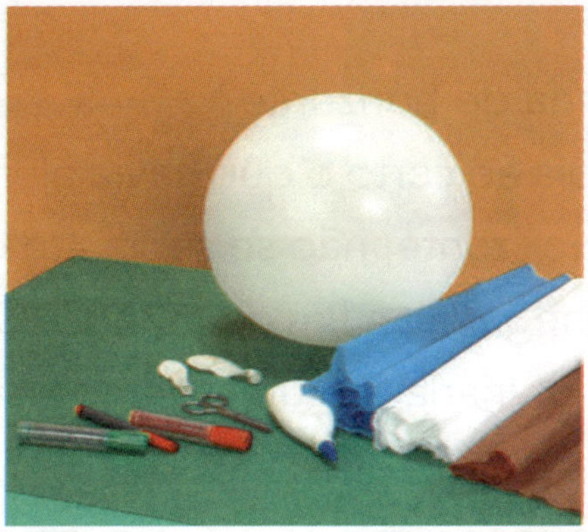

Fotos: Eduardo Santaliestra/Arquivo da editora

2. Façam o esboço dos continentes no balão já cheio de ar e colem papel azul no lugar correspondente aos oceanos.

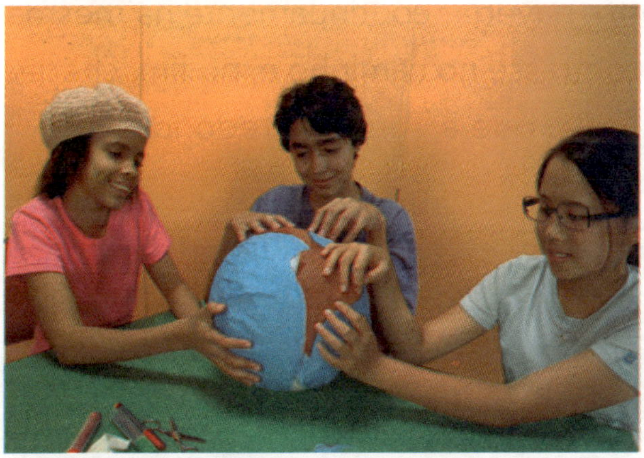

3. Colem papel marrom no lugar correspondente aos continentes.

4. Colem papel branco no lugar correspondente aos polos norte e sul. Por fim, que tal usar bonequinhos de papel para representar as pessoas sobre a superfície do planeta?

A Terra é arredondada

Vamos observar representações do planeta Terra e conhecer a história de grandes exploradores.

Você já olhou o mar e a linha do horizonte?

Antigamente, ninguém sabia ao certo o que havia além dessa linha. Quando as embarcações cruzavam o horizonte, não se sabia até onde navegariam.

Alguns pensavam que se chegaria ao fim do mundo. Outros explicavam mais detalhadamente: o mundo terminaria em uma grande cachoeira, onde a água do mar **desembocava**.

desembocar: desaguar; terminar.

Foi explorando os mares que, no século XV, alguns navegadores europeus começaram a ampliar os limites do mundo conhecido por eles: saíram da Europa e chegaram às Américas, que chamaram de "Novo Mundo"; contornaram o extremo sul da África, chegando ao oceano Índico.

Estava ficando cada vez mais claro para eles que os limites do mundo eram diferentes do que se imaginava na época. Foi por volta de 1 520 que ocorreu a primeira volta completa pelo mundo de que se tem notícia. A viagem, feita em uma embarcação, foi um marco para o conhecimento humano.

Se um navegador podia sair de um porto, navegar continuamente na mesma direção, contornar os continentes que encontrasse no caminho e, no fim, chegar ao mesmo porto de onde saiu, isso significava que a Terra era redonda.

Paulo Manzi/Arquivo da editora

1 Observe com atenção a imagem do planeta Terra. Depois, no espaço ao lado, faça um desenho da Terra vista do espaço. Identifique em seu desenho os continentes, oceanos e nuvens.

Nessa imagem, que continentes e oceanos você consegue identificar?

Capitanoseye/Shutterstock

Desafio

2 Analise os dois mapas abaixo. O primeiro foi feito em 1545 e o segundo, em 2017. Compare-os atentamente: Que oceanos e continentes você consegue identificar em cada um?

Akg-Images/Latinstock

Mapa-múndi de 1545 que ilustra o mundo conhecido antes das Grandes Navegações.

Banco de imagens/Arquivo da editora

Mapa-múndi atual.

Oceanos: ______________________

____

____

Continentes: ______________________

____

____

Oceanos: ______________________

____

____

Continentes: ______________________

____

____

3 Leia os textos e conheça alguns exploradores da Terra e os locais por onde passaram. Depois, preencha as lacunas dos textos com os termos do banco de palavras:

oceano Antártico	escorbuto	polo sul
Antártida	América do Sul	Pacífico	sul da África

Album/AKG/Latinstock

Reprodução de pintura da embarcação de Vasco da Gama.

Vasco da Gama: em 1497 esse navegador partiu de Portugal e fez uma parada em Cabo Verde. Depois, seguiu rumo ao **cabo da Boa Esperança** e contornou o ____________________. Daí, subiu pela costa desse continente e, em seguida, para as Índias. Antes de Vasco da Gama, era um "tabu" atravessar o extremo sul da **África**. Além dos perigos do mar agitado, os marinheiros ficavam doentes, com sangramentos nas gengivas e perdiam os dentes. Era o ____________________. Mais tarde, descobriu-se que isso era uma consequência da falta de vitamina C no organismo, a dieta dos marinheiros era pobre em vegetais.

Harvepino/Shutterstock/Glow Images

Planeta Terra.

Culture Club/Getty Images

Pintura retratando Fernão de Magalhães a bordo de seu navio.

Fernão de Magalhães: navegador português organizador da expedição que foi a primeira a dar uma volta ao mundo. Partiu da Espanha em 1519 e seguiu pela costa brasileira até o sul da ____________________. Aí descobriu uma passagem para o oceano ____________________ que levou o seu nome: **Estreito de Magalhães**. Seguiu em direção às Filipinas, onde morreu em uma batalha, em 1521. A expedição continuou, sob comando de Juan Sebastián Elcano, pela Indonésia e depois rumou para a África, contornou o cabo da Boa Esperança e voltou pelo Atlântico até Sevilha. Dos cinco barcos e 237 tripulantes que partiram, três anos depois retornou somente um barco, com 18 tripulantes.

4 No caderno, faça um desenho da Terra, indicando o possível trajeto das viagens de Vasco da Gama e de Fernão de Magalhães.

Converse com os colegas: O que mais chamou a sua atenção nas viagens de cada explorador?

James Cook: navegador inglês que, de 1768 a 1779, fez três grandes viagens ao redor do mundo. Nelas, explorou os mares do hemisfério sul, particularmente as regiões da **Austrália**, Nova Zelândia, Nova Guiné e Tahiti. Antes das explorações de Cook, pensava-se que no hemisfério sul, em volta do _______________, haveria uma grande massa de terra, similar ao que há no hemisfério norte. Em sua segunda viagem, no início dos anos 1770, James Cook deu a volta ao mundo pelo _______________, chegando bem perto da **Antártida**. Em suas viagens, James Cook disponibilizava frutas e legumes para a dieta da tripulação: sucos de limão e de laranja, chucrute e cenoura. Assim, contornava o grave problema do escorbuto.

Keystone-France/Getty Images

Embarcação utilizada por James Cook em 1768 na navegação com destino ao Tahiti.

Roald Amundsen: explorador norueguês obcecado pelas regiões polares do planeta. Durante alguns invernos, conviveu com os esquimós e aprendeu muitos de seus hábitos. Em 1910, partiu rumo ao polo sul. Após chegar de barco à _______________, ainda fez uma longa caminhada de mais de 2000 quilômetros, passando por altitudes superiores a 3000 metros em alguns pontos da cordilheira Transantártica. Para a travessia, a equipe de Amundsen contava com a força de cachorros puxando trenós. Chegaram ao **polo sul geográfico** em 14 de dezembro de 1911.

Classic Image/Alamy/Latinstock

O norueguês Roald Amundsen no Alasca, em 1905.

5 Após ler os textos, complete o quadro-resumo abaixo.

Explorador	Qual foi o grande feito realizado?	Em que ano ocorreu o feito?
Vasco da Gama		
Fernão de Magalhães		
James Cook		
Roald Amundsen		

Instrumentos de navegação

Vamos estudar um instrumento de navegação: a bússola.

Para não se perder em suas viagens, como um explorador dos mares faz para se orientar?

Se estiver próximo à costa, o explorador pode se guiar por elementos do relevo e da paisagem. Para vê-los melhor, binóculos e lunetas são instrumentos úteis: eles nos ajudam a ver o que está situado a grandes distâncias.

Mas, em alto-mar, não há como fazer isso!

É aí que entra em cena a bússola. Trata-se de um instrumento que possui uma agulha **imantada**, que indica a direção norte-sul.

imantada: com propriedades de ímã; magnetizada.

As primeiras bússolas não eram nada mais do que um pedaço de rocha chamada magnetita, pendurada em uma linha. Assim que a magnetita parava de girar, descobria-se a direção norte-sul.

Triff/Shutterstock

Isso acontece porque a magnetita tem propriedades magnéticas: ela é usada para fazer ímãs naturais. Quando próxima a materiais ferromagnéticos, ocorre uma atração entre estes e a magnetita. Quando pendurados, podendo girar livremente, tanto a magnetita quanto os ímãs se alinham com a direção norte-sul.

Paulo Manzi/Arquivo da editora

Atualmente, os navegadores podem, ainda, contar com outro instrumento: o GPS. O nome vem da sigla em inglês para "Sistema de Posicionamento Global". Com o GPS, podemos nos localizar no planeta: ficamos sabendo a latitude, a longitude e a altitude em que estamos.

A latitude e a longitude são indicadas em relação a duas linhas imaginárias ao redor do planeta. Essas linhas dividem o planeta nas porções norte-sul (latitude) e leste-oeste (longitude).

1 Observe as imagens abaixo. Em seguida, complete o quadro com o nome dos objetos, classificando-os corretamente.

Bokeh Blur Background/Shutterstock

Picsfive/Shutterstock

Elizabeth A.Cummings/Shutterstock

montego/Shutterstock

Objetos atraídos por ímã	Objetos não atraídos por ímã

Yeamake/Shutterstock

Fred Cardoso/Shutterstock

2 Com base na leitura do texto da página anterior, complete os esquemas.

[______] possui → **AGULHA IMANTADA**

MAGNETITA comporta-se como um → [______]

AGULHA DA BÚSSOLA é um → [______]

ÍMÃ atrai o que é → [______]

[______] pode indicar → **LATITUDE**, **LONGITUDE**, **ALTITUDE**

3 Ajude os alunos a terminar os relatórios das atividades que fizeram para explorar o funcionamento das bússolas.

Problema: Quando giramos uma bússola, o que acontece com sua agulha?

O que fizemos: Observamos uma bússola sobre a mesa (figura 1). Depois, giramos a bússola aproximadamente ______________ ______________ (figura 2). Então, giramos novamente a bússola aproximadamente ______________ (figura 3).

Fotos: Sérgio Dotta Jr./Arquivo da editora

Figura 1.

Figura 2.

Figura 3.

O que observamos: Ao girarmos a primeira vez, observamos que ______________ ______________ ______________.

Ao girarmos a segunda vez, observamos que ______________ ______________ ______________.

O que concluímos: Podemos dizer que a agulha da bússola ______________ ______________.

Problema: Quando giramos um ímã suspenso por um fio, em que posição ele para?

O que fizemos: Primeiro nós ______________________________ (figura 1).

Depois, nós ______________________________ (figura 2) e o penduramos em uma mesa, de forma que o ímã pudesse girar livremente (figura 3).

Giramos o ímã várias vezes e observamos a posição em que ele parava de girar em cada vez.

O que observamos: Verificamos que ______________________________.

O que concluímos: Concluímos que ______________________________.

Figura 1.

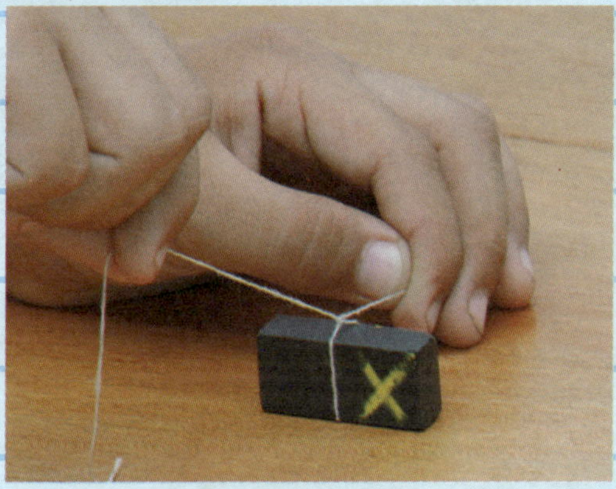

Figura 2.

Figura 3.

Fotos: Alex Ribeiro/Acervo do fotógrafo

Banco de imagens/Arquivo da editora

O que você acha que vai acontecer: O ímã para em posições diferentes a cada rodada ou ele sempre para na mesma posição?

Que comparação podemos fazer entre um ímã suspenso e a agulha de uma bússola?

O céu noturno

Vamos fazer observações do céu noturno.

O que você consegue identificar no céu à noite?

Os astrônomos definem áreas bem delimitadas do céu e as chamam de constelação. Então, descrevem o que conseguem identificar nessas áreas.

Por exemplo, no início das noites de verão é fácil observar o conjunto de estrelas conhecido como Três Marias: três estrelas bem alinhadas e com brilho parecido. Ao redor delas há quatro estrelas bem brilhantes.

Se você olhar como os antigos gregos e romanos, poderá imaginar linhas formando a figura do caçador mitológico Órion, que dá nome à constelação, ou seja, a essa região do céu. As Três Marias representam o cinturão de Órion.

Outros exemplos: o Cruzeiro do Sul e Escorpião são constelações facilmente visíveis nas noites de inverno. Usando a imaginação podemos reconhecer a figura de uma cruz e a de um escorpião.

O conjunto de estrelas popularmente chamado Três Marias faz parte da constelação de Órion.

Ao fazer observações desses conjuntos de estrelas no céu, esteja atento! Com o passar das horas, você terá a impressão de que as estrelas se deslocam no céu à noite no mesmo sentido que vemos o Sol se deslocar no céu durante o dia.

Em um mês de observação, você também poderá constatar grandes mudanças, por exemplo na Lua. Conforme os dias passam, ela apresenta um aspecto diferente no céu, aproximadamente a cada sete ou oito dias, temos uma mudança de fase da Lua marcada no nosso calendário.

1 Vamos acompanhar o céu durante uma noite? Observe abaixo três imagens feitas na mesma data, mas em horários diferentes.

Sollarium.org/Reprodução

19 h 00

21 h 00

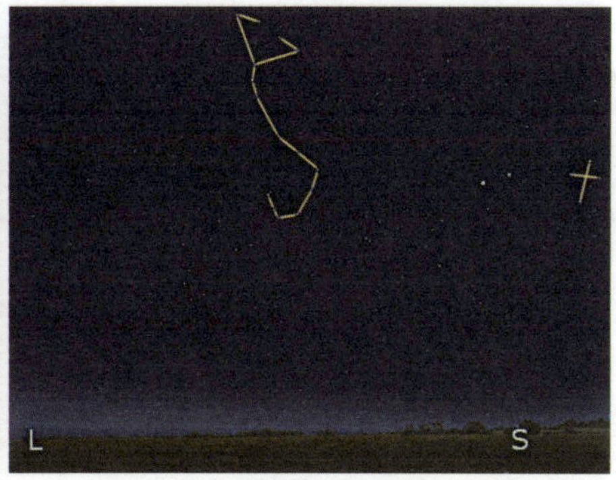

23 h 00

a) Aponte com setas as constelações de Escorpião e do Cruzeiro do Sul em pelo menos uma dessas imagens.

b) Esclareça a dúvida das crianças abaixo.

Hagaquezart Estúdio/Arquivo da editora

Desafio

2 Para localizar estrelas e aprender sobre elas, podemos usar diversos recursos.

Reprodução/<https://www.ultimateglobes.com>

Os globos celestes mostram todo o céu que se pode ver da Terra.

Narith Thongphasuk/Shutterstock/Montagem Cesar Wolf

Os planisférios mostram o céu visível em determinado dia e horário.

Shutterstock/Alamy/Montagem Fernanda Crevin

Há aplicativos com mapas do céu para *tablet* e celular.

- Com a ajuda do professor, usem um globo celeste, um planisfério ou um aplicativo de celular para explorar o céu noturno. Procurem as estrelas mais brilhantes: A quais constelações elas pertencem?

3 Analise a mudança do aspecto da Lua no céu com o passar dos dias indicados no calendário. Em seguida, esclareça as dúvidas das crianças.

Março

Domingo	Segunda-feira	Terça-feira	Quarta-feira	Quinta-feira	Sexta-feira	Sábado
				1	2 Cheia	3
4	5	6	7	8	9 Minguante	10
11	12	13	14	15	16	17 Nova
18	19	20	21	22	23	24 Crescente
25	26	27	28	29	30	31 Cheia

Reprodução/ NASA's Scientific Visualization Studio

Hagaquezart Estúdio/Arquivo da editora

Abril

Domingo	Segunda-feira	Terça-feira	Quarta-feira	Quinta-feira	Sexta-feira	Sábado
1 	2 	3 	4 	5 	6 	7 
8 	9 	10 	11 	12 	13 	14 
15 	16 	17 	18 	19 	20 	21 
22 	23 	24 	25 	26 	27 	28 
29 	30 					

Reprodução/ NASA's Scientific Visualization Studio

4 Complete o quadro indicando os dias que marcam as diferentes fases da Lua durante o mês de abril do calendário acima.

Fase da Lua	Data

5 Com um colega, crie um calendário para o mês seguinte: maio. Esteja atento à data em que você representará as mudanças de fases da Lua.

VAMOS VER DE NOVO?

Neste capítulo você aprendeu que:

- O planeta Terra tem o formato arredondado e possui oceanos e continentes.
- Bússola e GPS são exemplos de instrumentos de navegação.
- O GPS informa a latitude, a longitude e a altitude.
- A agulha da bússola é um ímã e indica a direção norte-sul.
- No céu podemos ver dezenas de constelações.
- A cada uma semana, aproximadamente, ocorre uma mudança de fase da Lua.

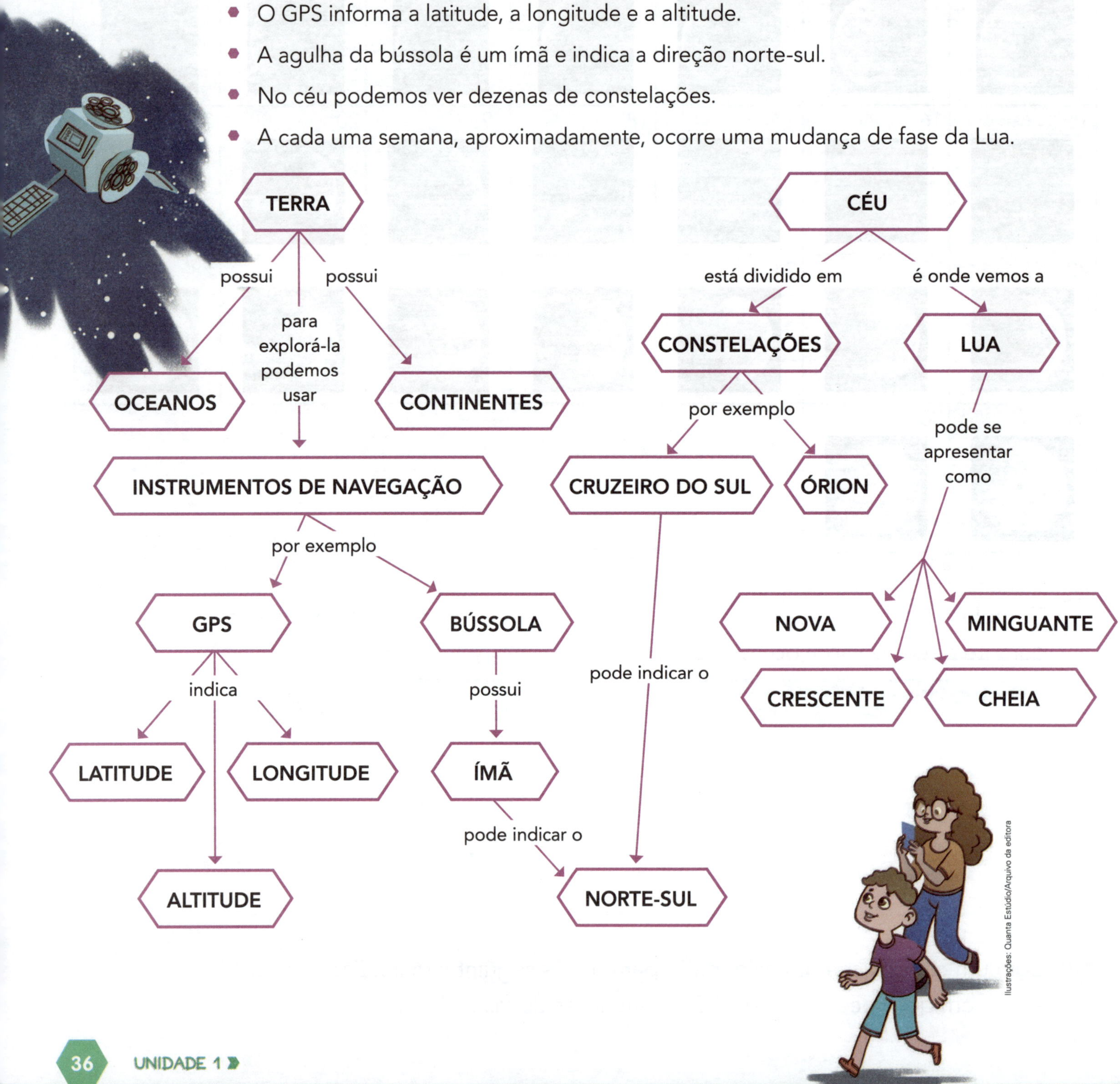

Ilustrações: Quanta Estúdio/Arquivo da editora

1 Analise as falas das crianças e responda no caderno: Com qual delas você concorda? Explique.

Fabio Eugenio/Arquivo da editora

2 Analise o trajeto de uma viagem feita pelo navegador brasileiro Amyr Klink e responda às questões.

a) Quais continentes e oceanos você identifica na imagem?

____

____

____

____

b) Troque ideias com os colegas e registre abaixo a sua opinião: Podemos ou não afirmar que nessa viagem Amyr Klink deu uma volta pela Terra?

____

____

____

____

____

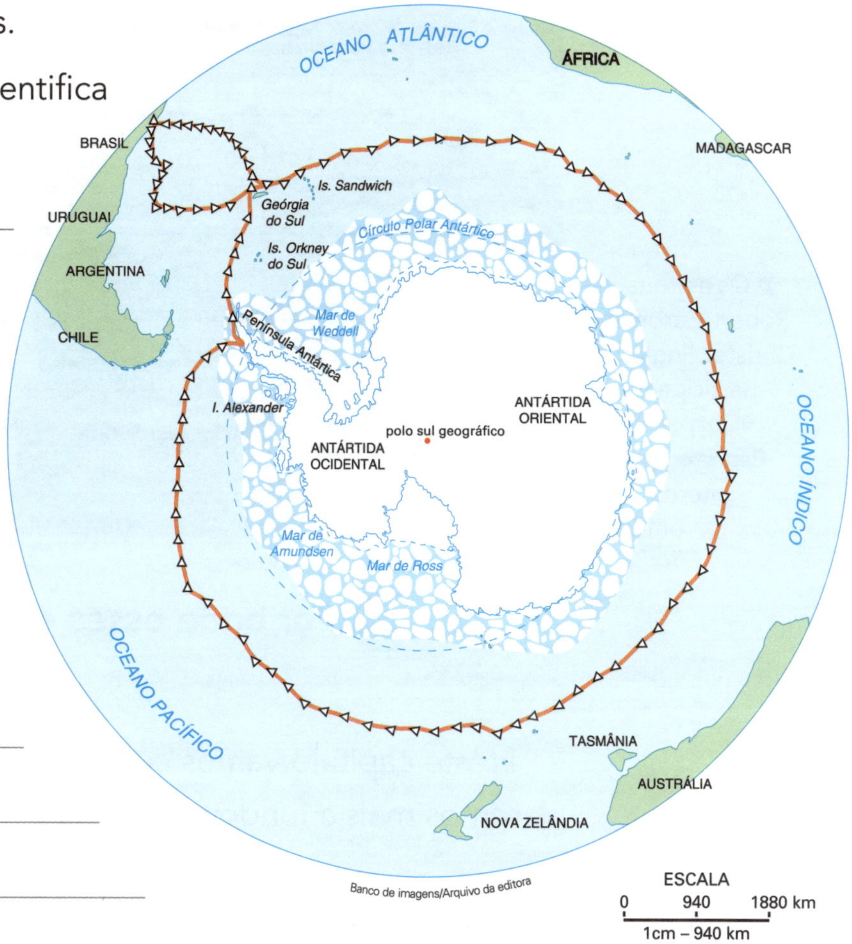

Banco de imagens/Arquivo da editora

Adaptado de: KLINK, Amyr. **Mar sem fim**. São Paulo: Companhia das Letras, 2000.

LEGENDA
—▷— Rota da viagem

3 No caderno, faça desenhos representando a constelação de Órion:

a) Indique as principais estrelas e a figura do caçador delineada por elas.

b) Represente o aspecto do céu desse mesmo lugar depois de algumas horas: Em que posição você desenhará a constelação?

Capítulo 3

Exploradores do Universo

Reprodução/NASA

Os astronautas Robert Curbeam e Christer Fuglesang participando da expansão da Estação Espacial Internacional, em 2006.

Por onde esses exploradores "caminham"?

Neste capítulo vamos conhecer a história das explorações espaciais e estudaremos mais a fundo o Sistema Solar.

Para iniciar

- Troque ideias com os colegas: você já sentiu vontade de sair do planeta Terra e explorar o Universo ou nunca se imaginou fazendo isso?
- Conte o que você sabe sobre as explorações do espaço. Você pode fazer isso criando no caderno uma história em quadrinhos.
- Faça, também no caderno, um desenho do Sistema Solar, representando tudo o que você sabe que pode ser encontrado nele.

Atividade prática

Que tal construir com os colegas um foguete de brincadeira?

Material

- Balão de aniversário
- Canudo
- Cerca de dois metros de linha ou barbante
- Fita adesiva
- Prendedor

Como fazer

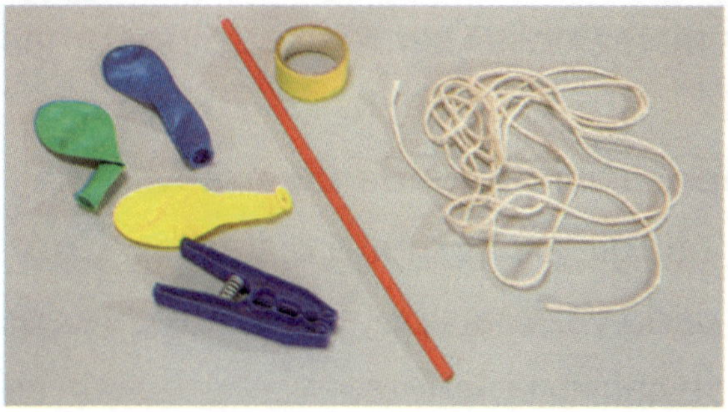

Fotos: Eduardo Santaliestra/Arquivo da editora

1. Encham de ar o balão e fechem-no com o prendedor.
2. Amarrem uma das extremidades da linha em uma cadeira. Passem a outra pelo buraco do canudo.

3. Colem o canudo no balão com fita adesiva.
4. Mantenham a linha bem esticada e soltem o prendedor da bexiga. Vejam o que acontece.

No caderno, escreva um pequeno texto explicando o funcionamento do seu foguete-balão. No seu texto utilize a palavra **ar**.

Breve história das viagens espaciais

Vamos estudar a história das explorações espaciais.

O começo das viagens espaciais talvez possa ser marcado por uma invenção em especial. Você sabe qual?

Os foguetes foram criados na época da Segunda Guerra Mundial. Serviam para lançar bombas que tinham de atingir locais muito distantes. Com o passar do tempo, os foguetes se tornaram cada vez mais potentes, até que começaram a ser fabricados foguetes capazes de sair do planeta.

Um dia, em um desses foguetes, foi colocado o primeiro satélite artificial: o Sputnik 1, uma pequena esfera metálica de pouco mais de oitenta quilogramas.

Então surgiu a dúvida: Seria possível enviar uma cápsula maior para fora do planeta e colocar um ser vivo dentro dela?

Uma cadela acabou sendo a primeira cobaia. Poucos anos depois dela foi a vez de um ser humano: "A Terra é azul!" – disse o primeiro astronauta que avistou o planeta a partir do espaço, a bordo de sua espaçonave.

Alguns anos depois, o antigo sonho de pisar na Lua se tornou realidade. E, desde então, o ser humano vai cada vez mais longe, por meio das sondas que envia para explorar corpos cósmicos bem mais distantes.

Com a criação do ônibus espacial, equipes de astronautas começaram a realizar diferentes missões espaciais. Então, aquilo que parecia coisa de obras de ficção se tornou realidade: surgiram estações espaciais, nas quais os astronautas dormem, trabalham, comem, enfim, passam o seu dia a dia enquanto estão fora do planeta.

E a história não para por aí! Atualmente, sondas continuam sendo enviadas a diferentes corpos cósmicos, veículos-robô pousam em planetas vizinhos e empresas começam a viabilizar projetos de turismo espacial. Muita coisa ainda está por acontecer no desenvolvimento das explorações espaciais nos próximos anos!

Paulo Manzi/Arquivo da editora

1 Troque ideias com os colegas: Como vocês responderiam a estas questões sobre a exploração do espaço?

Hagaquezart Estúdio/Arquivo da editora

2 Agora é sua vez! Responda à entrevista da **Revista Científica** abaixo como se você fosse um especialista no assunto. Depois, compartilhe suas respostas com os colegas e procurem chegar a um consenso.

AzLa/Shutterstock

OPINIÃO DE EXPERT — **REVISTA CIENTÍFICA**

EXPLORAÇÃO ESPACIAL

Hoje entrevistamos uma pessoa que estuda os corpos celestes. Veja abaixo a opinião dela sobre duas importantes questões:

Qual dos eventos da história da exploração espacial é, na sua opinião, o mais importante?

____

____

____

Nos próximos anos da história da exploração do espaço, o que deverá acontecer?

____

____

____

Iurii/Shutterstock

3 Complete as lacunas dos textos do infográfico **História das explorações espaciais**. Utilize os termos do banco de palavras.

Lua	satélite	Terra	Sistema Solar	ônibus espacial	espaçonave

HISTÓRIA DAS EXPLORAÇÕES ESPACIAIS

Hoje sabemos que, vista do espaço, a ______________ é azul. Mas essa imagem não era conhecida antes de 1961. Foi nesse ano que o cosmonauta soviético Yuri Gagarin ficou famoso por se tornar o primeiro ser humano a avistar o planeta Terra do espaço.

A nave espacial Pioneer 10 foi lançada em 1972 e, onze anos depois, conseguiu realizar o grande feito de ser a primeira nave a ultrapassar a órbita de Netuno, o planeta mais externo do ______________.

O Sputnik 1 (maquete) foi o primeiro ______________ espacial. Ele foi lançado em outubro de 1957 pela ex-União Soviética.

A sonda Luna 9, fabricada pela então União Soviética, pousou na ______________ em fevereiro de 1966. Em abril desse mesmo ano, a sonda Luna 10 deu uma volta completa em torno da Lua. Foram feitos extraordinários para a época!

Em 1969, o ser humano conseguiu realizar o sonho de pisar no solo da Lua. O estadunidense Neil Armstrong foi a principal pessoa a realizar esse feito.

Nasa/Arquivo da editora

O primeiro ônibus espacial foi lançado em 1981, vinte anos depois que Gagarin orbitou o planeta. O ônibus espacial faz viagens ao espaço e retorna à Terra.

Nasa/Arquivo da editora

Em 1990, o Telescópio Espacial Hubble foi colocado em órbita pelo

____

Discovery. Com ele, cientistas puderam ver imagens de corpos celestes nunca antes vistos no Universo, pois a atmosfera limita as observações feitas a partir da Terra.

Nasa/Arquivo da editora

Em 1997, o veículo-robô Sojourner começou a explorar Marte de forma pioneira. Os estudos feitos com base em imagens de sondas e outros veículos-robô permitiram aos cientistas, em 2015, chegar à conclusão de que existe água líquida em Marte.

Alamy/Fotoarena

A Estação Espacial Internacional (EEI) é um laboratório que fica em órbita permanentemente. Ela começou a ser construída em 1998 e foi concluída em 2011. A tripulação da EEI inclui astronautas de diferentes países. A Estação Espacial é abastecida pela

______________________________ Soyuz.

4 No caderno, escreva uma frase com um comentário pessoal sobre cada etapa da exploração espacial retratada.

Assim também aprendo

5 Solte a sua imaginação e faça uma viagem espacial! No caderno, faça um poema ou uma história em quadrinhos contando o que você encontrou nessa incrível viagem!

Sugestão de...

Livro

Azul e lindo: planeta Terra, nossa casa. Ruth Rocha. São Paulo: Salamandra, 2004.

O Sistema Solar

Vamos explorar os corpos celestes que compõem o Sistema Solar.

Hoje em dia exploramos não somente o que há no planeta Terra. Exploramos também corpos celestes vizinhos: suas rochas e crateras, seus vulcões e cadeias de montanhas, etc.

Leia a entrevista com um astrônomo e aprenda mais sobre o Sistema Solar.

Com a palavra...

O que é Astronomia?

Astronomia é a ciência que estuda tudo o que compõe o Universo, como ele ficou da forma que se conhece e qual será o seu futuro.

A Astronomia estuda o Sistema Solar, a Via Láctea e conjuntos de galáxias (existem muitas outras galáxias além da nossa).

Acervo do autor

Antônio Mário Magalhães é astrônomo do Instituto de Astronomia, Geofísica e Ciências Atmosféricas (IAG) da Universidade de São Paulo.

Como é o Sistema Solar?

O Sol corresponde a 99,9% da massa do Sistema Solar. Os oito planetas (Mercúrio, Vênus, Terra, Marte, Júpiter, Saturno, Urano e Netuno) giram ao redor do Sol. Assim como a Terra, vários outros planetas têm seus próprios satélites naturais: as luas. Os satélites são corpos menores que os planetas e os orbitam. Além do Sol, dos planetas e das luas, há também os corpos menores (asteroides, meteoroides e cometas).

Quais corpos do "sistema solar" conseguimos ver no céu?

A olho nu, além da Lua, podemos ver Mercúrio, Vênus, Marte, Júpiter e Saturno. Urano pode ser visto longe da luz das cidades. Podemos ver também meteoroides, que se "desmancham" ao entrar na camada de ar em volta de nosso planeta (tornando-se meteoros ou estrelas cadentes), e os cometas mais brilhantes.

Existem outros "sistemas solares" no Universo?

Sim. Em 2017 eram conhecidas mais de 2500 estrelas com pelo menos um planeta ao seu redor. A grande maioria desses exoplanetas é bem diferente da Terra, sendo bem maiores e com a massa mais próxima à de Júpiter.

1 Complete o esquema abaixo com exemplos citados no texto da página anterior de corpos celestes encontrados no Sistema Solar.

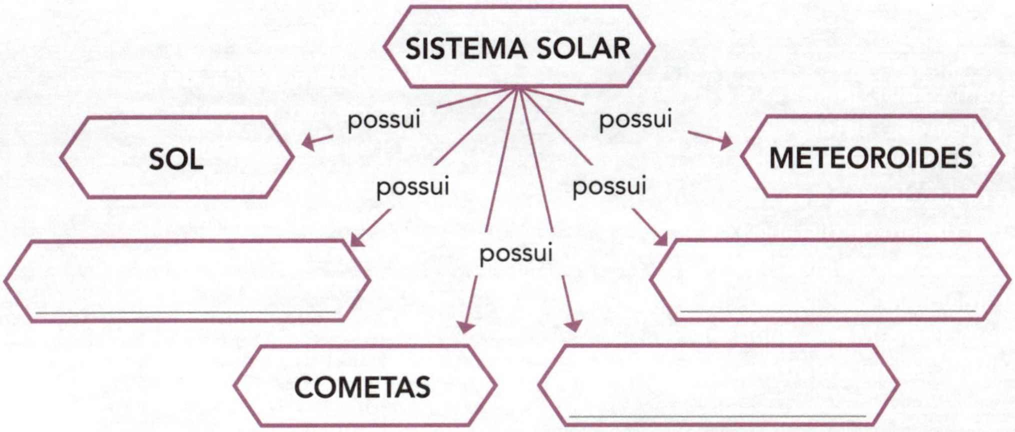

2 Complete o texto abaixo da **Enciclopédia digital das crianças**. Você sabe qual a diferença entre "Lua" e "lua"?

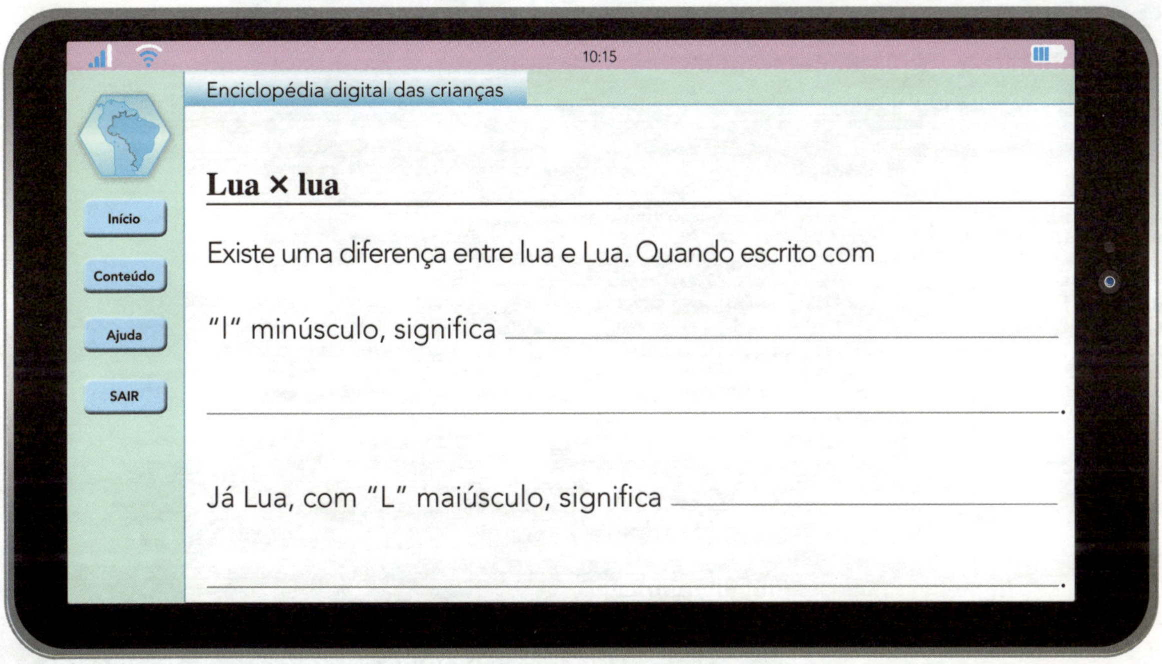

Banco de imagens/Arquivo da editora

3 Analise o que as crianças estão falando: Você concorda com o que todas elas dizem? No caderno, corrija as frases que você considera erradas.

Fabio Eugenio/Arquivo da editora

4 Leia os textos e observe as imagens com atenção. Depois, no caderno, responda às dúvidas das crianças.

Hagaquezart Estúdio / Arquivo da editora

5 **MURAL DA TURMA** Para explorar mais o Sistema Solar, pesquise mais características dos planetas e compartilhe os resultados com os colegas no Mural da Turma.

Paulo Manzi/Arquivo da editora

Hagaquezart Estúdio/Arquivo da editora

Os elementos representados nesta imagem não estão na mesma proporção de tamanho.

VAMOS VER DE NOVO?

Neste capítulo você aprendeu que:

- Astronautas fazem explorações espaciais.
- Foguetes podem ser considerados o passo inicial que viabilizou as explorações espaciais.
- Satélites artificiais, sondas espaciais, espaçonaves como o ônibus espacial, estações espaciais, etc. são invenções relacionadas à história da exploração do espaço.
- Os astrônomos estudam, entre outras coisas, o Sistema Solar.
- O Sistema Solar possui uma estrela, planetas, luas, cometas, asteroides e meteoroides.

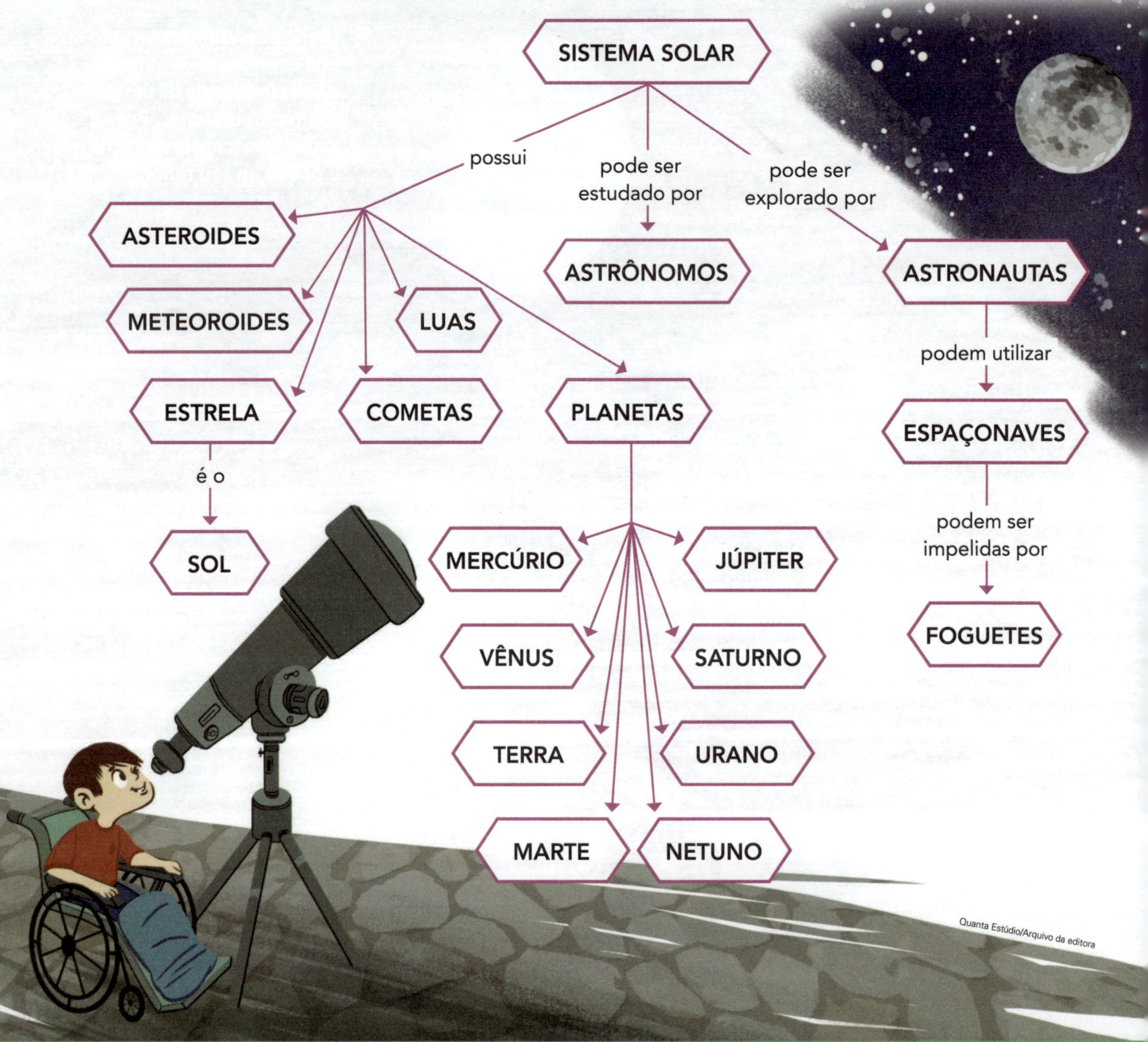

Quanta Estúdio/Arquivo da editora

1 Ajude a esclarecer a dúvida desta criança.

____

____

____

____

____

____

Quanta Estúdio/Arquivo da editora

2 Esta cruzadinha do Sistema Solar já está resolvida. No caderno, para cada um dos itens, crie frases usando os elementos do banco de palavras.

planeta	tamanho	anéis	satélite	situado	estrela
orbitam	seres vivos	próximo	distante	luas	

Os elementos representados nesta imagem não estão na mesma proporção de tamanho.

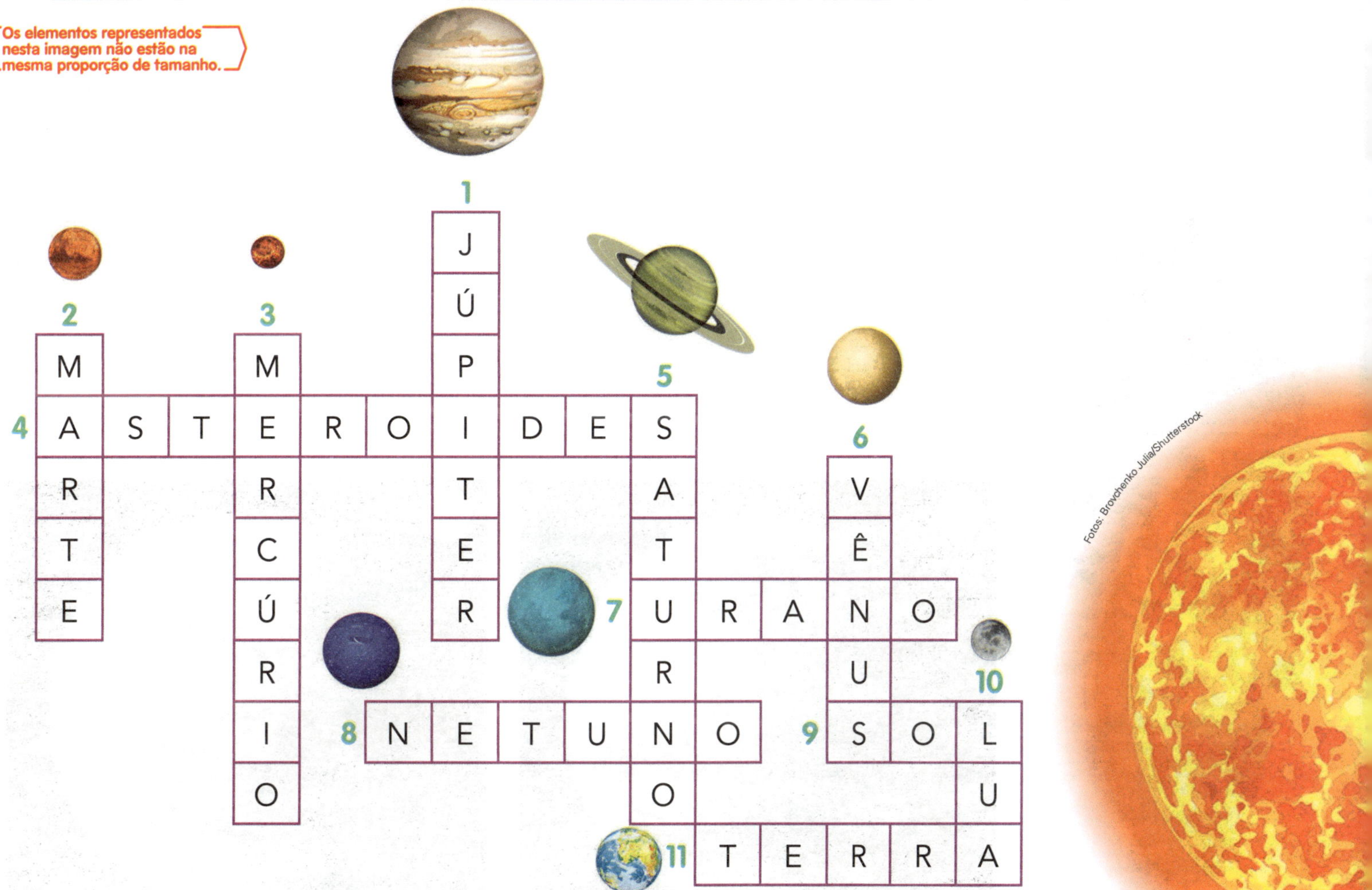

Fotos: Brovchenko Julia/Shutterstock

TECENDO SABERES

1 Leia o texto abaixo e desvende: O que causa os dias e as noites?

O planeta gira

Você já viu o Sol nascer e se pôr. Também viu as estrelas e a Lua surgirem mais a leste e se porem mais a oeste no céu. Mas você já se perguntou por que isso acontece?

Para entender o movimento dos astros no céu, vamos fazer de conta que somos astronautas no espaço. Lá, bem distante, fora do planeta, vamos ficar algum tempo no mesmo local, tirando fotografias dos continentes e oceanos, de hora em hora.

Em nossas fotografias veríamos algo como as imagens abaixo. Repare que sempre há uma parte do planeta iluminada pela luz do Sol: ela é mais clara, ou seja, nessa região é dia. A outra parte do planeta não é iluminada pelo Sol: ela é mais escura, ou seja, nela é noite.

Agora, compare a posição dos oceanos e continentes indicados em cada imagem: ela muda! De um ponto do espaço, com o passar do tempo, o astronauta pode ver continentes e oceanos passando diante dele. Para ele, o planeta visivelmente está girando.

Chamamos de rotação terrestre esse movimento da Terra girando em torno de si mesma, como um carrossel. É em virtude da rotação que os dias e as noites passam, aproximadamente, a cada 24 horas. É também por causa dela que as estrelas parecem se mover no céu.

Fincados aqui, na superfície da Terra, nós giramos com ela. Agora, você consegue explicar por que vemos o Sol nascer e se pôr?

Hagaquezart Estúdio/Arquivo da editora

titoOnz/Alamy/Latinstock

titoOnz/Alamy/Latinstock

2 No caderno, faça um desenho para ilustrar o quinto parágrafo do texto da página anterior.

3 Imagine uma pessoa parada sobre a linha do equador. Uma volta completa no planeta, pela linha do equador, tem cerca de 40000 km. Considerando tudo isso, calcule com que velocidade a pessoa está "girando".

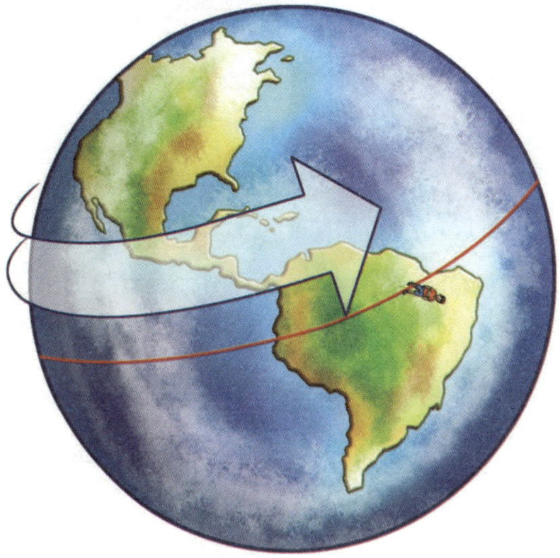

4 Procure nos dicionários sinônimos para as expressões **nascer do sol** e **pôr do sol**. Depois, reescreva no caderno o último parágrafo do texto usando um dos termos que você encontrou.

Sinônimos	
Nascer do sol	Pôr do sol

Ilustrações: Hagaquezart Estúdio/Arquivo da editora

5 Teste seus conhecimentos geográficos e identifique as regiões que aparecem nas imagens da página anterior. Analise onde é dia e onde é noite e, depois, complete o quadro abaixo no caderno.

Banco de imagens/Arquivo da editora

Imagem	Regiões e oceanos onde é dia	Regiões e oceanos onde é noite
1		
2		

O QUE ESTUDAMOS

Nesta unidade:

- Aprendemos que as áreas verdes podem ter composição de vegetação bem característica e podem se tornar unidades de conservação, como é o exemplo dos parques nacionais.
- Vimos que o planeta Terra tem o formato arredondado, possui oceanos e continentes.
- Exploramos algumas constelações do céu.
- Conhecemos melhor o Sistema Solar, que possui uma estrela (o Sol), planetas, luas, cometas, asteroides e meteoroides.

Observe as imagens a seguir e relembre o que estudou. Depois, converse com os colegas e com o professor sobre o que você aprendeu nesta unidade que antes não sabia.

Você...

Registre suas ideias no caderno.

Vitormarigo/Shutterstock

... estudou o aspecto da vegetação de áreas verdes e conheceu alguns parques nacionais.

Denise Durand Kremer/Acervo da fotógrafa

... aprendeu que a vegetação de áreas protegidas pode se recompor com o passar do tempo.

Culture Club/Getty Images

... conheceu a história de exploradores e analisou mapas e imagens da Terra.

Sérgio Dotta Jr./Arquivo da editora

... estudou a bússola e aprendeu que ela indica a direção norte-sul.

Foto: Justin Starr Photography/Shutterstock
Ilustração: Hagaquezart Estúdio/Arquivo da editora

... aprendeu a reconhecer conjuntos de estrelas no céu noturno.

Nasa/Arquivo da editora

... investigou a história das explorações espaciais.

Nasa/Arquivo da editora

... explorou o Sistema Solar junto com um astrônomo.

Folheie as páginas anteriores e reflita sobre valores, atitudes e o que você sentiu e aprendeu nesta unidade:

- O que você acha que pode fazer por alguma área verde dentro ou próximo da sua escola?
- Durante esta unidade, você sentiu algum impulso para visitar um parque nacional ou estadual? Qual parque você gostaria de conhecer?
- Você gosta de brincar de exploração: do Universo ou dos mares? O que você sente nesses momentos? Como você acha que os exploradores se sentem de verdade?

Unidade 2

O corpo dinâmico

- O que deve estar acontecendo com a respiração e os batimentos cardíacos destas crianças, enquanto fazem uma atividade física intensa?
- Como o coração é representado cada vez que aparece nesta imagem?
- Como você acha que é o corpo do bebê que está na barriga da mulher grávida: será que ele já está totalmente formado?

Capítulo 4

Movimente-se

Sergey Novikov/Shutterstock

Como você se sente ao praticar atividades físicas?

Neste capítulo vamos estudar algumas coisas que acontecem com nosso corpo quando praticamos atividades físicas. Também reconheceremos o gasto energético associado a diferentes atividades do dia a dia.

Para iniciar

- Quais são as atividades físicas que você faz no seu dia a dia? Você acha que é preciso muita ou pouca energia para realizar essas atividades?
- No caderno, faça uma lista explicando o que você acha que acontece com seu corpo quando pratica esportes.
- Troque ideias com os colegas: Quantas vezes você acha que o coração de uma pessoa bate em 1 minuto? E quantos movimentos respiratórios fazemos nesse mesmo intervalo de tempo?

Atividade prática

Que tal medir quantas vezes seu coração bate e quantos movimentos respiratórios você realiza? Que resultados você espera obter em diferentes situações: em repouso, fazendo uma atividade física, etc.?

Como fazer

1. Coloque os dedos indicador e médio em um dos pontos indicados na foto para tomar a **pulsação**.

pulsação: em Medicina, batimento ritmado, como o percebido no coração.

Fotos: Fernando Favoretto/Criar Imagem

2. Coloque as mãos sobre a barriga ou o peito e meça os movimentos respiratórios. Um movimento respiratório completo ocorre cada vez que tomamos o ar (inspiramos) e, em seguida, o expelimos do corpo (expiramos).

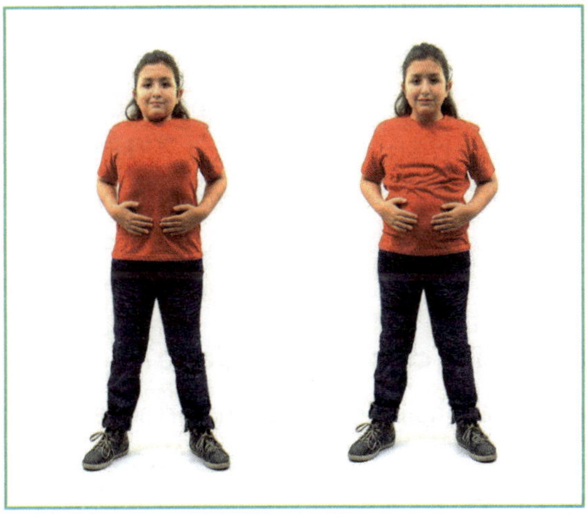

3. Com os colegas, façam uma atividade física (dançar, pular corda, correr, etc.) e meçam os batimentos do coração e os movimentos respiratórios durante o exercício.

4. Cerca de 5 minutos depois da atividade física, meçam novamente os batimentos cardíacos e os movimentos respiratórios.

Atividade física

Vamos investigar os batimentos cardíacos e os movimentos respiratórios.

Você costuma praticar atividades físicas? Como se sente ao praticá-las? Para conhecer mais sobre o nosso corpo e o que acontece quando praticamos atividades físicas, leia esta entrevista com um professor de Educação Física.

Com a palavra...

Diogo Inácio Dias é professor de Educação Física.

Por que é importante praticar atividades físicas?

A prática de atividades físicas deixa o coração mais forte para bombear sangue pelo corpo, deixa os músculos preparados para os movimentos e melhora a respiração. Além disso, é bastante prazerosa e divertida.

E que tipos de atividade física as crianças podem praticar?

Crianças podem praticar diversas atividades físicas, individuais (como natação, tênis, atletismo, lutas, etc.) ou em grupo (como andar de bicicleta com os amigos, jogar futebol, vôlei, basquete, etc.). O importante é buscar uma atividade de que você goste e pela qual se interesse.

Que cuidados devemos ter ao começar a fazer uma atividade física?

Antes de iniciar, devemos preparar nosso corpo para essa atividade. O alongamento (que é esticar nossos músculos) não precisa obrigatoriamente ser feito antes da atividade física, mas deve ser feito depois, como uma forma de relaxar e iniciar o processo de descanso do nosso corpo. Porém, antes de tudo, é importante certificar-se com um médico de que não existe nada que o impeça de fazer determinada atividade física.

Durante a atividade física, qual o valor normal da frequência de batimentos cardíacos?

O valor das frequências cardíaca e respiratória pode mudar muito de pessoa para pessoa e também depende da atividade física que se pratica. Por exemplo, uma pessoa de 20 anos de idade tem uma frequência cardíaca de mais ou menos 200 batimentos por minuto se estiver praticando uma atividade física como a natação. Mas, em repouso, essa mesma pessoa pode ter uma frequência cardíaca de mais ou menos 70 batimentos por minuto.

Qual é o segredo para praticar uma atividade física com regularidade?

Acredito que o segredo para iniciar uma atividade física e, mais importante, continuar a praticá-la, é buscar algo que o motive e que você realmente goste de fazer. Eu, por exemplo, pratico capoeira há alguns anos. Adoro a capoeira.

1 Dê a sua contribuição para o **Dicionário científico das crianças**. Explique cada um dos termos abaixo.

expiração: ____

____

inspiração: ____

____

Banco de imagem/ Arquivo da editora

2 Veja o que as crianças falaram em uma conversa sobre atividade física. No caderno, reescreva corretamente as frases que não correspondem ao que o professor de Educação Física afirmou em sua entrevista.

3 **MURAL DA TURMA** Com dois colegas, façam um cartaz incentivando as crianças da escola a praticar atividades físicas regularmente. Veja como ficou o cartaz feito por um grupo de alunos.

Ilustrações: Hagaquezart Estúdio/Arquivo da editora

4 Observe a imagem desta página e as da página seguinte. Depois, ajude os alunos a terminar o relatório da atividade que fizeram para explorar os batimentos cardíacos e os movimentos respiratórios.

Problema investigado: Quantas vezes o coração bate e quantos movimentos respiratórios realizamos? Esses números podem variar?

Fernando Favoretto/Criar Imagem

O que fizemos: Tomamos medidas ______________________________

____

______________________________.

O que observamos: Na tabela abaixo apresentamos ______________________________

____

____

______________________________.

Compartilhe sua tabela com os colegas e observe os dados obtidos por eles.

	Andando	Sentado ou lendo	Logo após ter corrido	Deitado, antes de dormir
Número de batimentos cardíacos por minuto				
Número de movimentos respiratórios por minuto				

O que concluímos: Parece existir uma relação entre o ______________________________

____

______________________________.

5 Analise o que as crianças estão conversando: Se começaram a praticar uma mesma atividade física, por que será que nas primeiras aulas uma delas se sentiu mal e a outra não?

6 Analise os dados apresentados na tabela abaixo e esclareça as dúvidas dessas crianças.

	Número de batimentos cardíacos em 1 minuto	Número de movimentos respiratórios em 1 minuto
Deitado	70	
Após corrida moderada	100	20

Energia para viver

Vamos analisar o gasto energético associado a diferentes atividades do dia a dia.

Feche os olhos e imagine coisas bem diferentes: um motor funcionando, um animal pulando, uma lâmpada acendendo. Você sabe explicar o que é necessário para que cada uma dessas coisas ocorra?

A resposta pode ser uma só: **energia**.

Dizemos que o funcionamento do coração, o de um aparelho de som ou o de uma turbina de avião são exemplos de trabalho. E, como todo trabalho precisa de energia para ser realizado, então podemos definir energia como a capacidade de realizar **trabalho**!

Ilustrações: Hagaquezart Estúdio/Arquivo da editora

Nós mesmos precisamos de energia para tudo: para enxergar, comer, pensar, brincar, correr, dormir, dar risada, ouvir uma música...

A quantidade de energia para a realização de diferentes atividades pode ser medida em **calorias**.

E a energia pode ser obtida de várias fontes. Os alimentos, que são transformados dentro do nosso corpo, podem ser considerados fonte de energia, por exemplo. Usamos essa energia para coisas básicas, como manter a temperatura corporal.

Esse é um dos motivos pelos quais você deve se alimentar direito. Afinal, como você já deve ter ouvido falar alguma vez em sua vida: "Os alimentos servem de combustível para o funcionamento do corpo.".

Sugestão de...

Livro

Próxima parada: Estação Barriga! Anna Russelmann. São Paulo: Moderna, 2010.

1 Observe algumas atividades físicas ilustradas nesta página e na página anterior. Troque ideias com um colega e numere as atividades físicas em ordem crescente, ou seja, da que gastamos menos energia para a que gastamos mais energia.

Ilustrações: Hagaquezart Estúdio/Arquivo da editora

2 Explore a edição especial do jornal que trata do tema "Atividade física e energia" nesta página e na próxima.

Sugestões de...

Livros

A alimentação: por que não podemos comer só batata frita? Françoise Rastoin-Faugeron. São Paulo: Ática, 2010.

Alimentos em pratos limpos. Egídio Trambaiolli. São Paulo: Atual, 2009.

DIÁRIO DA SAÚDE – Atividade física e energia

Na edição de hoje vamos mostrar quanta energia você consome em diferentes atividades e vamos conhecer a dieta e as necessidades energéticas de um grande atleta.

Hagaquezart Estúdio/Arquivo da editora

A quantidade de energia está representada em quilocalorias (kcal) no gráfico. Cada quilocaloria corresponde a 1 000 calorias.

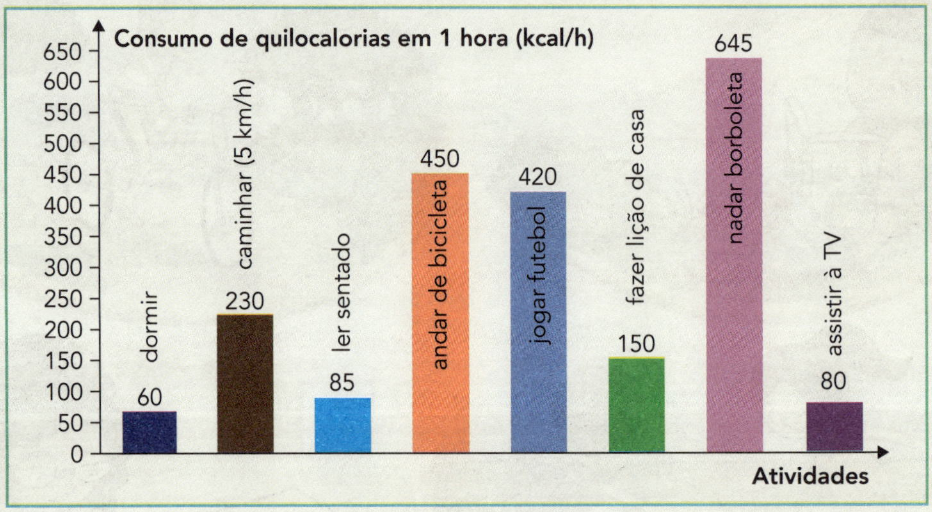

Fonte: **Program for Weight Control** da Faculdade de Medicina da Universidade da Pensilvânia.

a) Termine de completar a tabela que apresenta os dados do gráfico acima.

Atividade	Gasto energético em 1 hora (kcal/h)	Atividade	Gasto energético em 1 hora (kcal/h)
Dormir	60	Jogar futebol	
Caminhar (5 km/h)		Fazer lição de casa	
Ler sentado		Nadar borboleta	
Andar de bicicleta		Assistir à TV	

b) Consulte os dados apresentados no gráfico e indique na tirinha apresentada o gasto energético em cada atividade feita pelo menino.

3 Leia o texto abaixo.

Leonard Zhukovsky/Shutterstock

Michael Phelps durante competição nas Olimpíadas do Rio de Janeiro, em 2016.

Michael Phelps e sua absurda dieta

Nadador já declarou que só come, dorme e nada.

O nadador americano Michael Phelps descreveu sua rotina nas Olimpíadas: comer, dormir e nadar. E põe comer nisso! Ele revelou seu cardápio à imprensa e salta aos olhos o fato de ele ingerir aproximadamente seis vezes mais do que qualquer adulto normal.

No café da manhã ele inicia com três sanduíches de ovos fritos e ainda queijo, alface, tomate, cebolas fritas e maionese. Depois de complementar o café com cereais, almoçar e jantar, ainda consome mais 1000 calorias em bebidas energéticas para encerrar o dia.

"Comer, dormir e nadar, é tudo o que eu faço", disse o "ás" da natação. "E é tudo o que ele deve fazer", segundo o técnico William Morales Manso, que trabalha com medicina esportiva na Universidade Federal de São Paulo (Unifesp).

O treinador explica que a natação é um esporte no qual o gasto calórico é imenso, pois é uma modalidade esportiva que requer muita energia. Apenas entrar na piscina, sem dar uma braçada sequer, já acelera o metabolismo – que precisa manter os órgãos aquecidos na temperatura mais baixa.

Agora, o que acontece se você resolver seguir o mesmo cardápio? "A matemática é implacável. Se você consome mais calorias do que gasta de energia com suas atividades diárias, o excedente vira gordura. Não tem jeito.", explica Manso.

GLOBO ESPORTE; G1. Disponível em: <http://globoesporte.globo.com/Esportes/Pequim2008/Noticias/0,,MUL723450-16072,00-MICHAEL+PHELPS+E+SUA+ABSURDA+DIETA+DE+CALORIAS+DIARIAS.html>; <http://g1.globo.com/Noticias/Ciencia/0,,MUL723694-5603,00-PARA+PESSOA+COMUM+DIETA+DE+PHELPS+E+RECORDE+GARANTIDO+DE+OBESIDADE.html>. Acesso em: 20 jan. 2017. (Adaptados.)

4 Troque ideias com os colegas e esclareça a dúvida deste aluno. Depois, registre sua resposta abaixo.

Hagaquezart Estúdio/Arquivo da editora

____

____

____

____

____

VAMOS VER DE NOVO?

Neste capítulo você aprendeu que:

- A prática de atividades físicas contribui para a saúde.
- O número de batimentos cardíacos e de movimentos respiratórios aumenta com a atividade física mais intensa.
- Diferentes atividades diárias demandam diferentes gastos energéticos.
- A energia pode ser medida em calorias.
- Os alimentos podem ser considerados fonte de energia para o corpo.

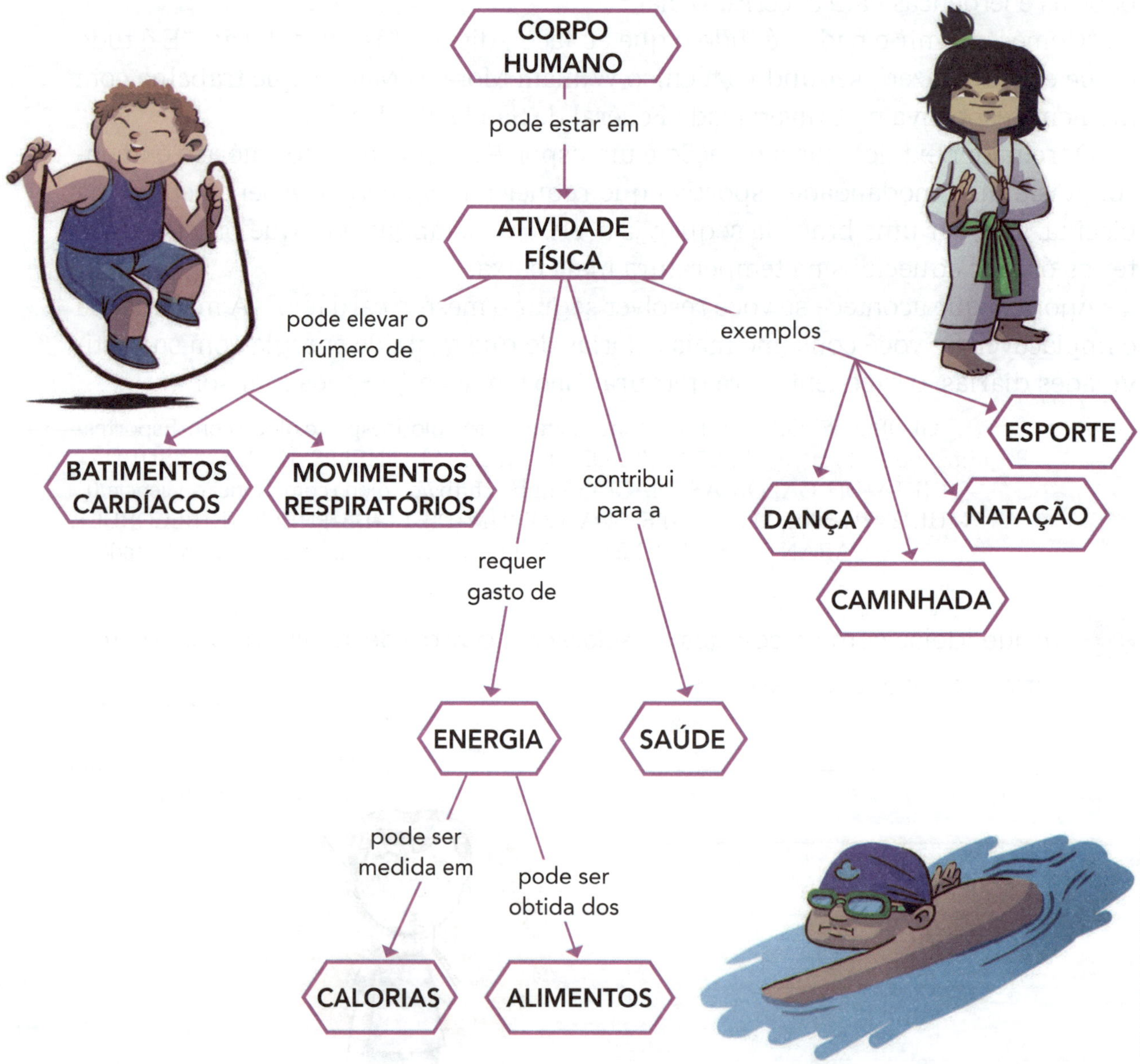

Ilustrações: Quanta Estúdio/Arquivo da editora

1 Dê a sua contribuição para o **Dicionário científico das crianças**, explicando os termos abaixo.

caloria: ______________________________

____

____

b c d e f

Banco de imagem/Arquivo da editora

energia: ______________________________

____

____

d e f g h

2 Você concorda com a ideia abaixo ou discorda dela? Explique a sua resposta.

Fabio Eugenio/Arquivo da editora

____

____

____

____

____

____

____

____

____

____

3 Analise a tabela abaixo. Na sua opinião, ela está ou não coerente com as informações apresentadas neste capítulo? Explique no caderno.

Atividade física	Número de batimentos cardíacos por minuto	Número de movimentos respiratórios por minuto
Ler sentado	120	23
Andar de bicicleta	70	12

Capítulo 5

Por dentro do corpo

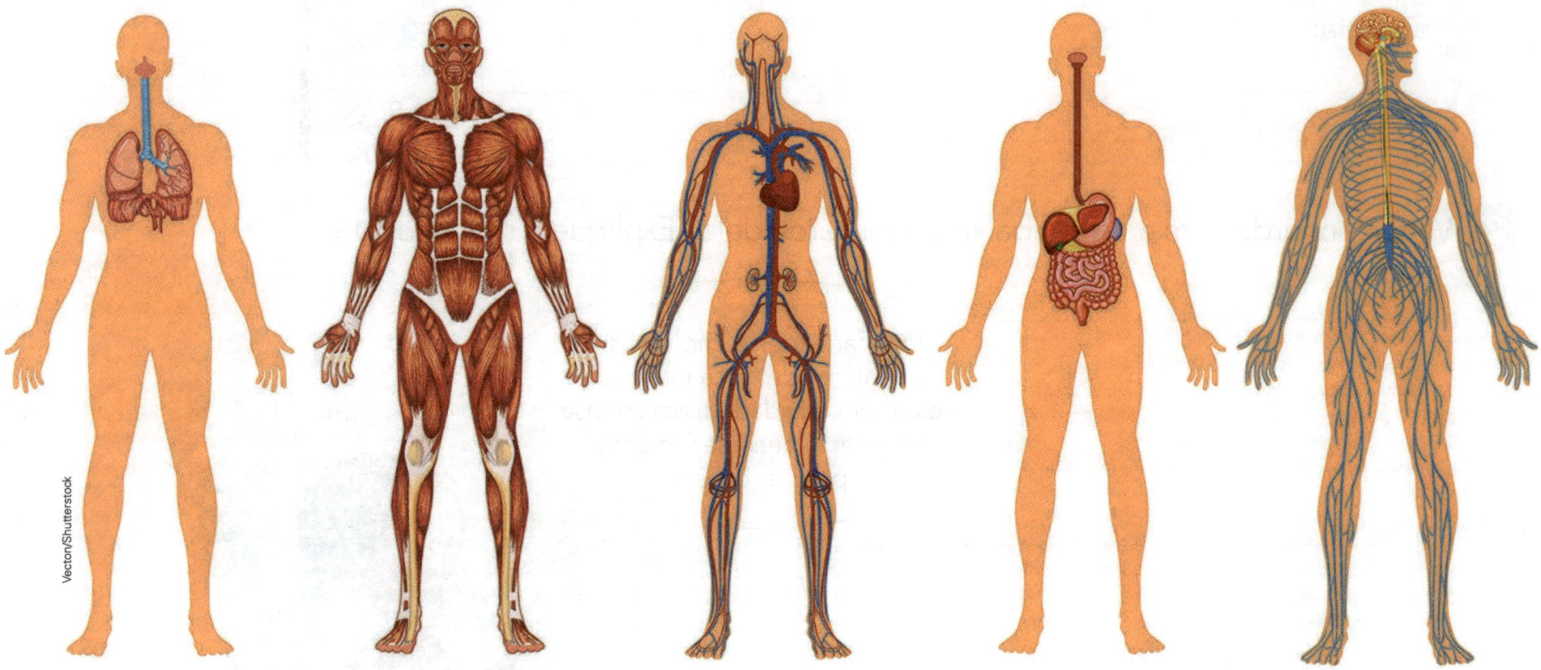

Vecton/Shutterstock

Como é o seu corpo por dentro?

Neste capítulo, vamos estudar estruturas do corpo relacionadas à respiração, à digestão dos alimentos e à circulação do sangue.

Para iniciar

- Desenhe no caderno um contorno do corpo humano e indique onde você acha que se localizam o coração, os vasos sanguíneos e os pulmões.
- Converse com o professor e responda: Que tarefa importante você acha que a "barriga" realiza para o corpo?
- O que você acha que existe dentro da barriga? No caderno, represente com um desenho a sua resposta. Use setas para indicar os detalhes da sua produção.

Atividade prática

Vamos fazer a máquina que pode "ver" o interior do nosso corpo?

Como fazer

Material
• Caixa de papelão
• Canetas e lápis de cor
• Fita adesiva
• Folhas de papel
• Tesoura com pontas arredondadas

1. Reúna-se com alguns colegas, conforme orientação do professor.

Fotos: Fernando Favoretto/Criar Imagem

2. Com a tesoura, façam uma abertura em uma das laterais da caixa de papelão: esse será o visor do equipamento que "vê tudo" dentro do corpo. Depois, pintem a caixa.

3. Façam desenhos do interior do corpo humano (dos músculos, dos ossos, dos órgãos, etc.) em folhas avulsas.

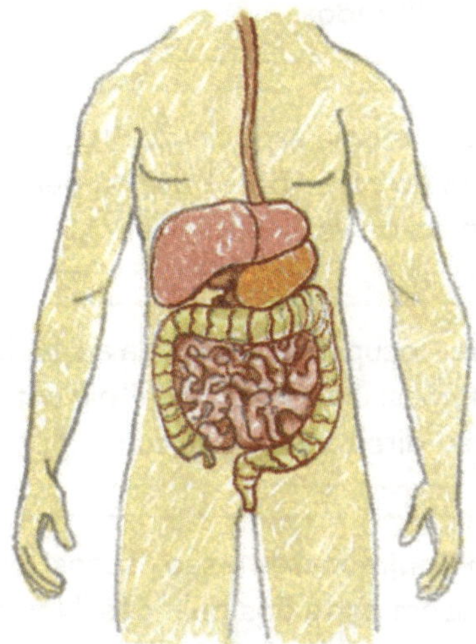

Hagaquezart Estúdio/Arquivo da editora

4. Posicionem a caixa em frente ao "paciente" e coloquem cada desenho no visor da caixa de papelão, conforme o que vocês estiverem examinando: os músculos, os ossos, etc.

Coração e pulmões

Você sabe por onde passa o ar que inspiramos? E o que existe dentro do coração?

As imagens representadas nestas páginas não estão na mesma proporção de tamanho. Foram usadas cores fantasia.

Para aprender mais sobre a respiração e a circulação, vamos ler vários fragmentos de textos. Ao vasculhar esses fragmentos, procure ainda desvendar: Quantos pulmões temos? Quantos litros de sangue há no corpo? O que são artérias?

Nariz – possui uma série de espaços internos chamados cornetos ou conchas nasais. No nariz, o ar é aquecido, umidificado e filtrado.

Traqueia – é uma espécie de "tubo" por onde passa o ar que entra no corpo pela boca ou pelo nariz. Ela se ramifica em tubos cada vez mais estreitos.

Pulmões – ocupam quase toda a cavidade torácica. Temos dois pulmões: um do lado direito e outro do lado esquerdo. O pulmão direito é um pouco maior do que o esquerdo.

Alvéolos pulmonares – são "sacos" microscópicos cheios de ar. Fazem parte dos pulmões. Nos alvéolos, ocorrem as trocas gasosas: o oxigênio do ar passa para o sangue e o gás carbônico passa do sangue para os pulmões.

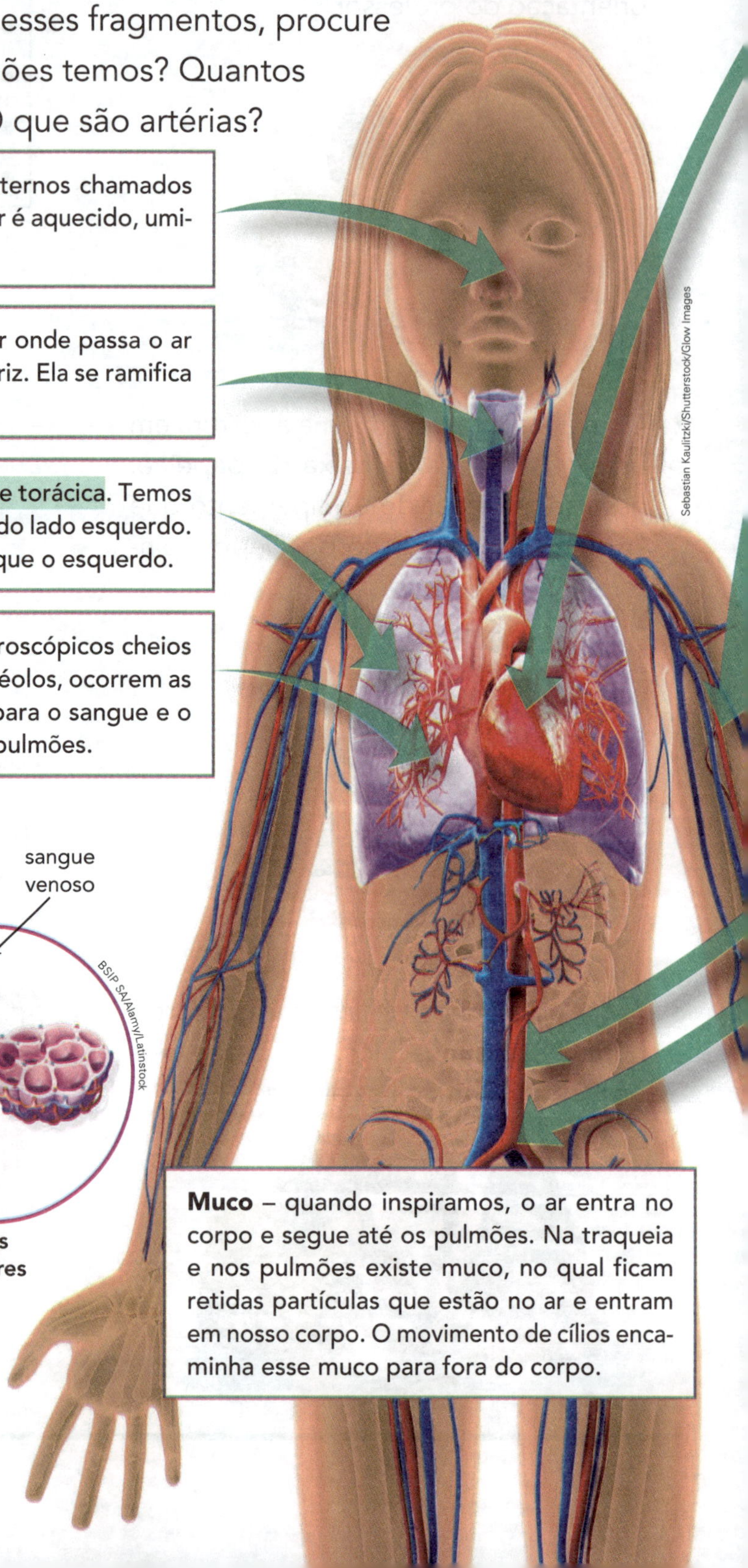

Sebastian Kaulitzki/Shutterstock/Glow Images

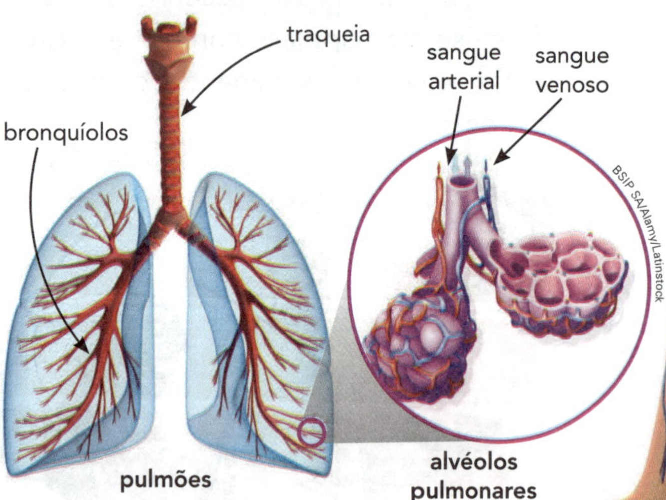

pulmões

alvéolos pulmonares

Alexandr Mitiuc/Dreamstime/Glow Images

BSIP SA/Alamy/Latinstock

Muco – quando inspiramos, o ar entra no corpo e segue até os pulmões. Na traqueia e nos pulmões existe muco, no qual ficam retidas partículas que estão no ar e entram em nosso corpo. O movimento de cílios encaminha esse muco para fora do corpo.

Coração – possui paredes formadas por músculos. Dentro dele, existem cavidades cheias de sangue. Duas cavidades menores, na parte de cima, são chamadas de átrios. Duas cavidades grandes, na parte de baixo, são chamadas de ventrículos. Ao bater, o coração funciona como uma bomba, que impulsiona o sangue para fora dele.

Vasos sanguíneos – o sangue fica dentro de "canais", que funcionam como "tubos" ou "canos", que percorrem todo o corpo. São os vasos sanguíneos. As artérias são vasos sanguíneos por onde o sangue sai do coração. As veias são vasos sanguíneos por onde o sangue segue o caminho de retorno ao coração.

Artéria aorta – é um grande vaso sanguíneo do nosso corpo. Ela tem várias ramificações. Alguns desses "ramos" vão para a cabeça; outros para os braços, para o abdômen e para as pernas.

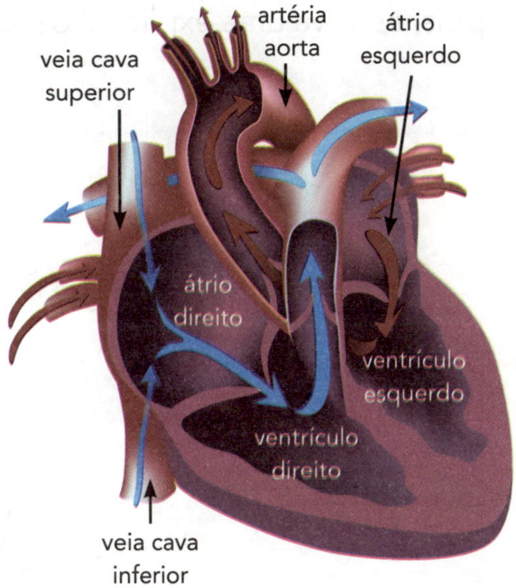

Alila Medical Images/Shutterstock/Glow Images

Sangue – contém, entre outros elementos, substâncias como os nutrientes, obtidos da digestão dos alimentos, e o oxigênio, obtido da respiração. Ao circular pelo corpo, o sangue abastece cada pequeno pedaço do nosso ser com essas substâncias. Pelo sangue também são transportadas substâncias que podem ser eliminadas do corpo, como o gás carbônico.

Circulação – o sangue sai do coração com "impulso" suficiente para ir a todas as partes do corpo. Depois, esse sangue retorna ao coração, onde é novamente bombeado. Em cerca de um minuto, todo o sangue de um adulto (algo entre 5 a 6 litros) passa pelo coração e circula pelo corpo.

Quanta Estúdio/Arquivo da editora

1 Termine os esquemas que começaram a ser feitos, para sintetizar algumas das informações dos fragmentos de texto.

- ___ → circula pelo → CORPO
- AR → ___ → TRAQUEIA
- SANGUE → possui → SUBSTÂNCIAS → exemplo → ___ ; NUTRIENTES
- ___ → possui → ALVÉOLOS
- ___ → bombeia o → SANGUE

2 Ajude os alunos a terminar o cartaz dos estudos que fizeram sobre "Coração e pulmões". Comece escrevendo os nomes das estruturas do corpo relacionadas à respiração e à circulação indicadas pelas setas.

3 Depois, escreva uma explicação para cada um dos termos nos bilhetes a seguir.

Coração e pulmões

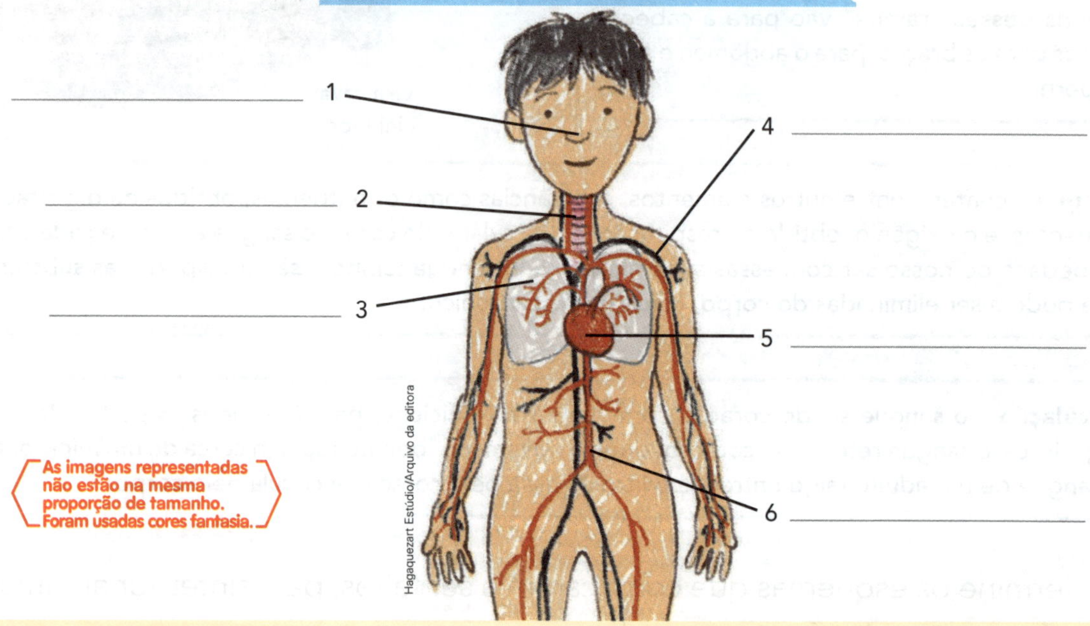

As imagens representadas não estão na mesma proporção de tamanho. Foram usadas cores fantasia.

Artéria aorta

____

Traqueia

____

Vasos sanguíneos

____

4 Escreva um resumo das informações que você obteve sobre o coração e os pulmões. Para isso, tente responder às perguntas abaixo, anotadas por um aluno.

Mostre seu resumo aos colegas e veja a que eles escreveram.

Meu resumo sobre o coração e os pulmões

Título: ______

Como são os pulmões? ______

Como é o coração por dentro? ______

Por onde o ar passa quando inspiramos? ______

O que acontece quando o coração bate? ______

Para onde vai o oxigênio do ar que inspiramos? ______

Para onde vai o sangue que sai do coração pela artéria aorta? ______

Por dentro da barriga

Vamos estudar estruturas do corpo que atuam na digestão dos alimentos.

Imagine um alimento que você acabou de ingerir. Você sabe por onde esse alimento vai passar? E o que acontecerá com ele dentro do seu corpo?

A digestão é um processo no qual os alimentos são quebrados e transformados em partículas mais simples, que podem ser absorvidas pelo corpo. É assim que obtemos os nutrientes que estão nos alimentos que comemos. Estruturas do corpo, como o estômago e os intestinos, participam desse processo. Para saber quais são as estruturas do corpo que se relacionam com a digestão e onde elas ficam no seu corpo, continue lendo diferentes fragmentos de textos.

Boca – é onde o alimento é mastigado e misturado com a saliva. Esse é o começo da digestão. A mastigação e a saliva tornam o alimento mais pastoso, facilitando sua deglutição.

Esôfago – espécie de "tubo" por onde passa o alimento que engolimos. A musculatura da parede do esôfago se contrai, de forma a encaminhar o alimento para o estômago.

Fígado – possui muitas funções. Uma delas é produzir a bile, um fluido que age no intestino, na digestão de gorduras.

Pâncreas – fica sob o estômago. Produz sucos que são lançados no intestino e têm papel na digestão.

Estômago – é onde o alimento é digerido pelo suco gástrico. Assim, as proteínas contidas nos alimentos começam a ser digeridas.

Intestino delgado – um órgão que pode ser comparado a um grande tubo, com vários metros de comprimento. É para ele que os alimentos vão, depois de terem passado pelo estômago. No intestino delgado, os alimentos continuam sendo digeridos e os nutrientes contidos nos alimentos passam para o sangue.

Intestino grosso – é para onde o alimento vai depois de ter passado pelo intestino delgado. É onde resíduos de alimentos que não foram absorvidos formam as fezes, que serão eliminadas pelo ânus. No intestino grosso, ocorre a absorção de água.

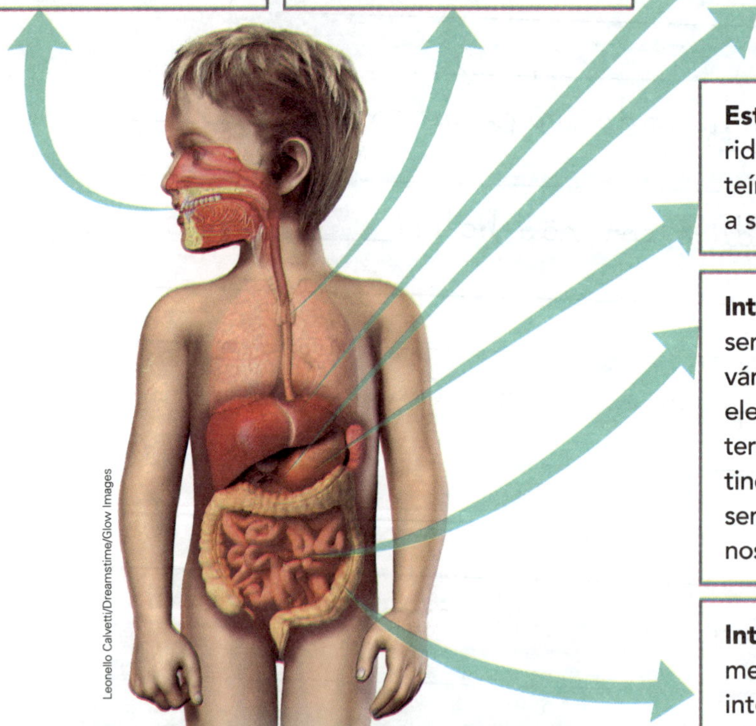

Leonello Calvetti/Dreamstime/Glow Images

Sugestão de...

Livro

Corpo humano: um livro para quem tem estômago!
Dan Green e Basher. São Paulo: Girassol, 2011.

1 Esta cruzadinha já está preenchida com o nome de estruturas do corpo relacionadas à digestão. No caderno, escreva frases para explicar cada item da cruzadinha.

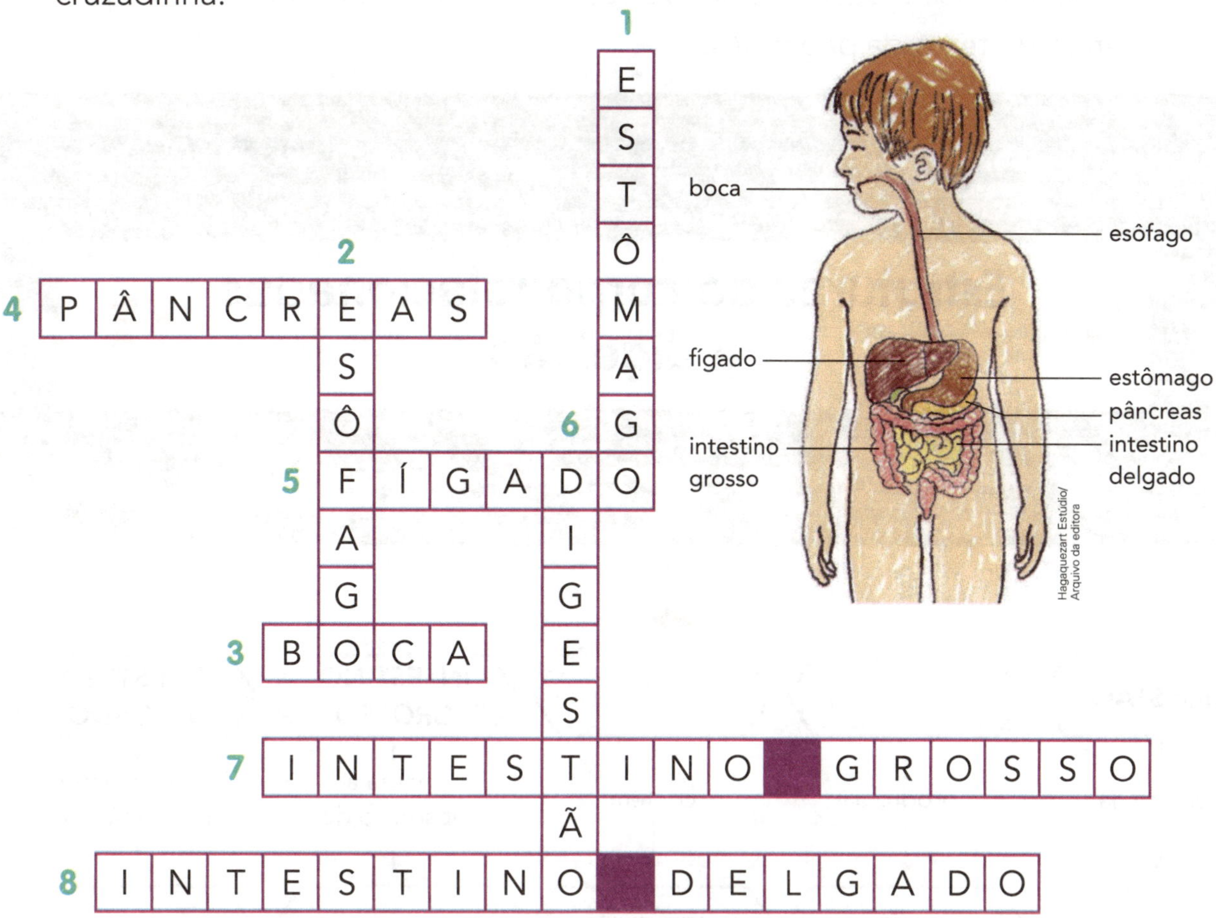

Hagaquezart Estúdio/Arquivo da editora

2 Com qual(is) das crianças você concorda? De qual(is) você discorda? Explique sua resposta, corrigindo as frases com as quais você não concorda.

Fabio Eugenio/Arquivo da editora

3 Auxilie os alunos na confecção do mural que fizeram sobre "Estruturas do corpo relacionadas à digestão" completando os esquemas abaixo que começaram a ser feitos. Eles ajudam a sintetizar as informações que obtivemos a partir da leitura do texto da página 74.

Clearviewstock/Shutterstock

Ilustrações: Fabio Eugenio/ Arquivo da editora

4 Escreva um resumo explicando o que você aprendeu sobre as estruturas do corpo relacionadas à digestão. Use as questões que aparecem nesta página como guia para fazer a sua produção.

Sugestão de...

Livro

Os alimentos e a digestão. Steve Parker. São Paulo: Scipione, 1997.

Inicie a tarefa dando um título para o seu texto.

Podemos afirmar que parte da digestão já ocorre na boca?

Mostre seu resumo aos colegas e veja a que eles escreveram.

Depois que ingerimos um alimento, qual o caminho que ele percorre por dentro do corpo?

Em que momento o alimento passa pelo esôfago?

O que acontece com o alimento no estômago?

Quais são os papéis do fígado e do pâncreas na digestão?

O que acontece com o alimento no intestino delgado?

O que chamou a sua atenção? O que você achou mais interessante?

O que você não sabia e aprendeu com as leituras que fez?

O que acontece no intestino grosso?

VAMOS VER DE NOVO?

Neste capítulo você aprendeu que:

- Coração e vasos sanguíneos são estruturas do corpo relacionadas à circulação do sangue.
- Nariz, traqueia e pulmões (com os seus alvéolos pulmonares) são estruturas do corpo relacionadas à respiração.
- Diversas estruturas do corpo estão envolvidas na digestão dos alimentos: boca, esôfago, estômago, intestinos, fígado, pâncreas.
- No sangue, podemos encontrar, entre outros componentes, nutrientes (provenientes da digestão dos alimentos) e oxigênio (proveniente da respiração).

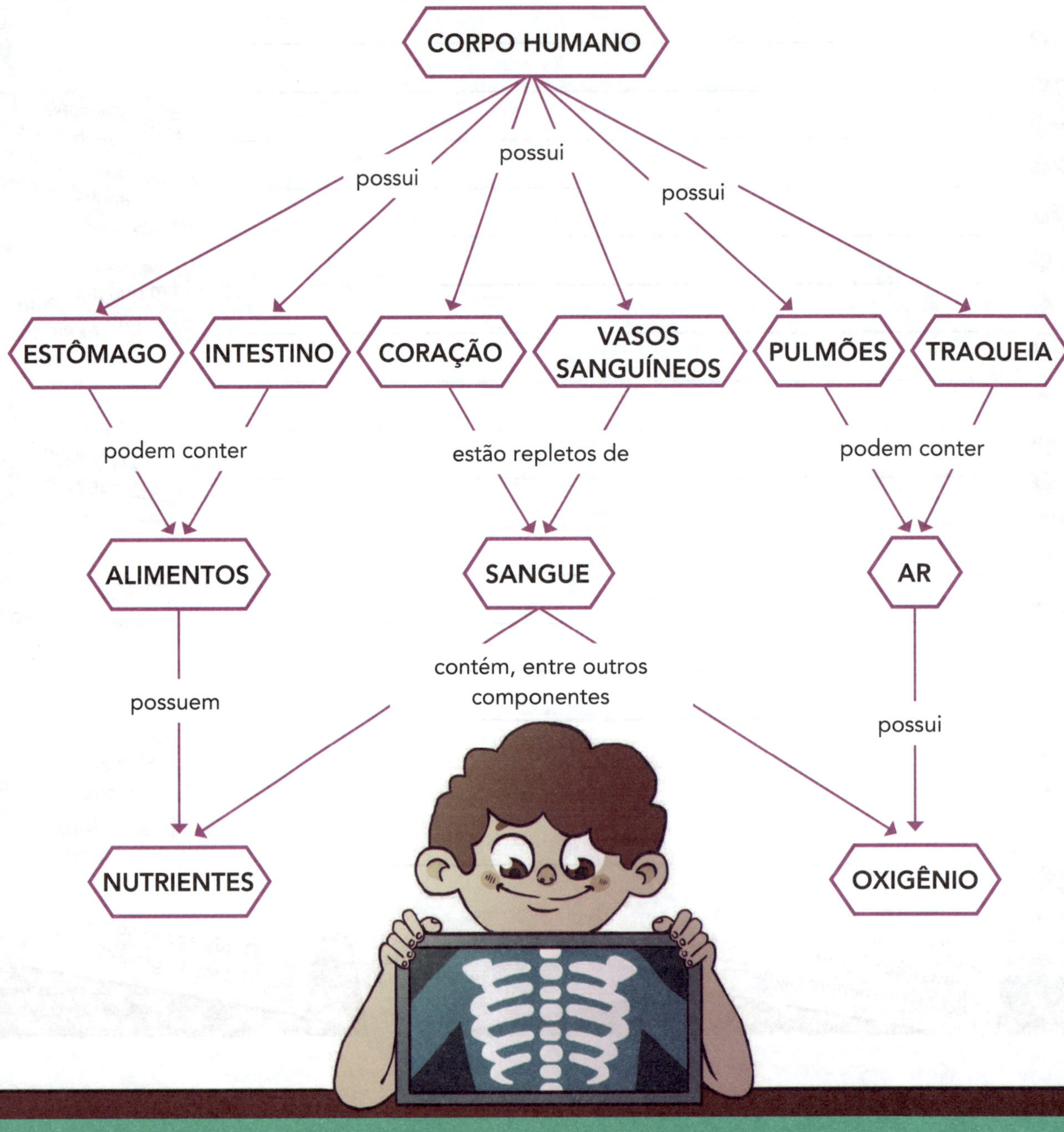

Ilustrações: Quanta Estúdio/Arquivo da editora

1 Posicione-se de frente para um colega. Um deverá mostrar para o outro onde ficam: o esôfago, o fígado, os intestinos, o coração e os pulmões.

Fernando Favoretto/Criar Imagem

Você mostrou alguma estrutura do corpo em posição diferente daquela que o seu colega mostrou?

2 Veja o desenho feito por um aluno. Depois do que você estudou, analise essa produção:

a) Quais estruturas relacionadas à respiração, à circulação e à digestão são representadas? E quais não foram representadas?

____

____

____

____

____

____

b) Que correções você sugere que sejam feitas?

____

____

____

____

____

____

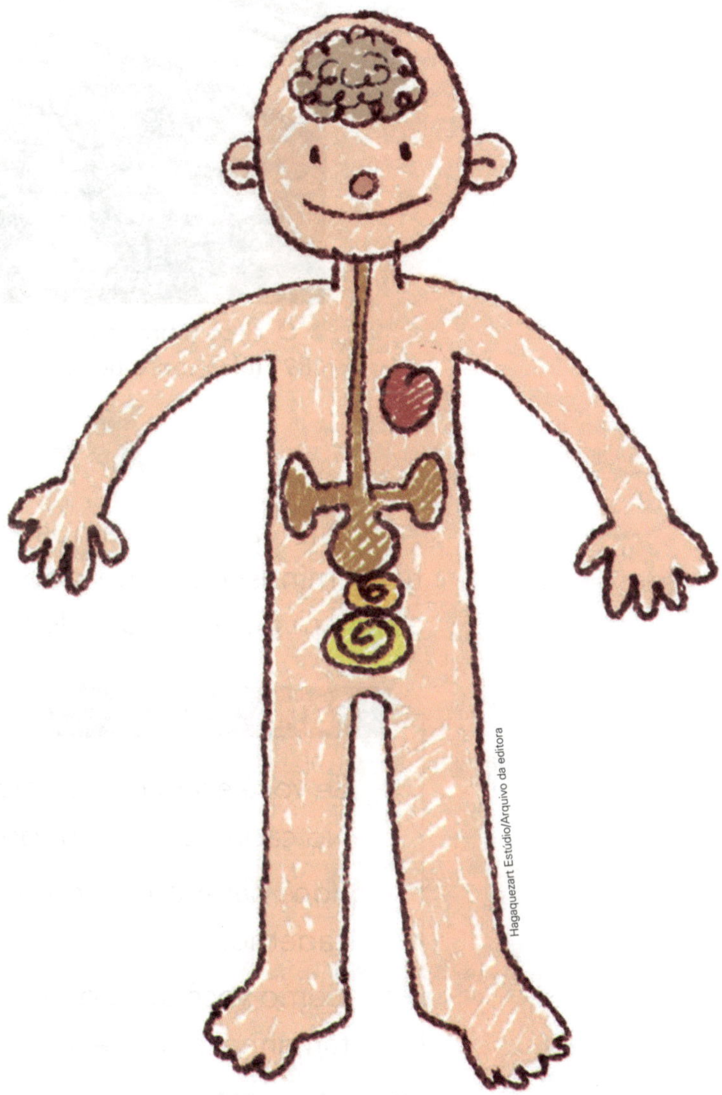

Hagaquezart Estúdio/Arquivo da editora

Capítulo 6

O corpo como você nunca viu

Georges Pierre Seurat/Bridgeman images/Glow Images/Museu d'Orsay, Paris, França.

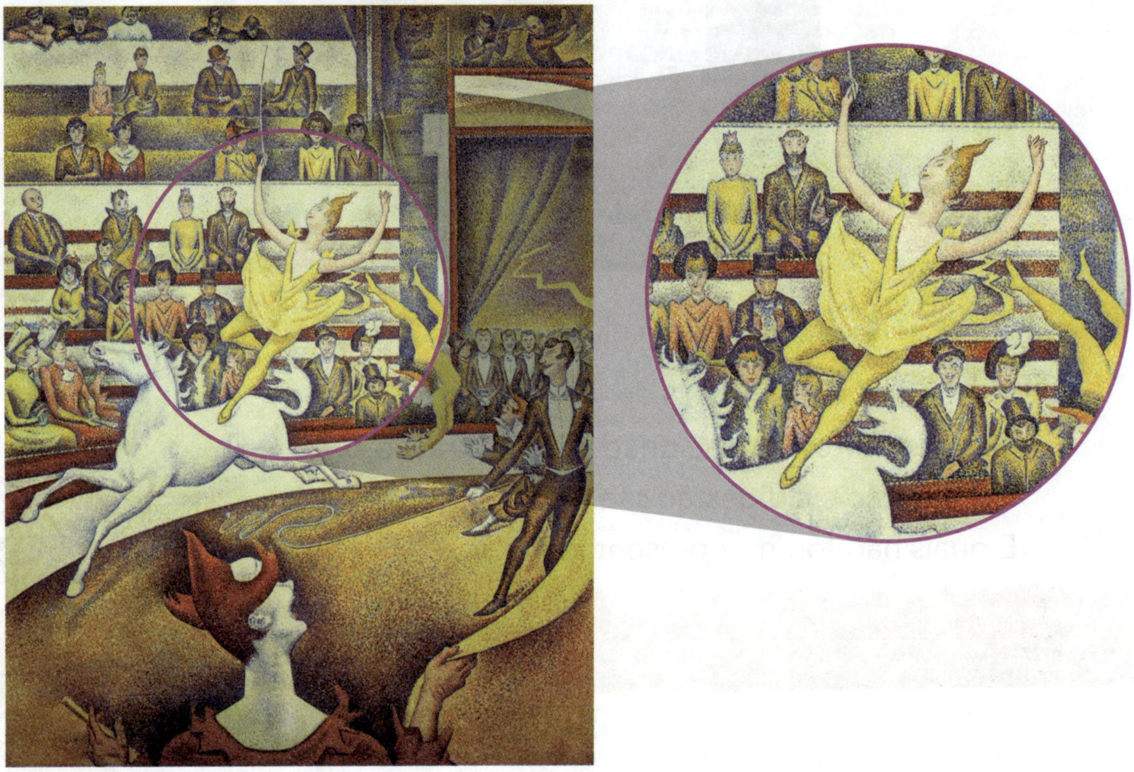

O circo (obra inacabada), de Georges Seurat, 1891 (óleo sobre tela).

O que forma o corpo humano?

Neste capítulo, vamos aprender que o corpo humano é formado por estruturas minúsculas que podem ser observadas por meio de equipamentos que ampliam nosso poder de visão.

Para iniciar

- Se você examinasse uma gota de sangue ao microscópio, o que acha que veria? No caderno, faça um desenho para ilustrar a sua resposta.
- Você sabe o que é um óvulo? E um espermatozoide? Faça um desenho no caderno.
- Como você acha que é o corpo de um feto com três meses de gestação? Que tamanho tem? Ele tem ou não pernas e braços? O sexo do feto já está definido?

Atividade prática

Material

- Arame de pão
- Copo
- Óleo de cozinha

Que tal ampliar o seu poder de visão com lentes de aumento?

Como fazer

1. Primeiro, com o arame de pão, faça a estrutura de uma "lupa caseira": entrelace as duas pontas, deixando uma argola no meio.
2. Faça a "lente" da sua lupa: passe a argola do arame em um copo com um líquido viscoso, como óleo de cozinha.
3. Observe diferentes corpos com sua lupa que possui uma "lente de óleo".
4. Registre com desenhos o que você vê quando faz observações de um mesmo corpo em duas situações: sem lupas e com a "lupa caseira".

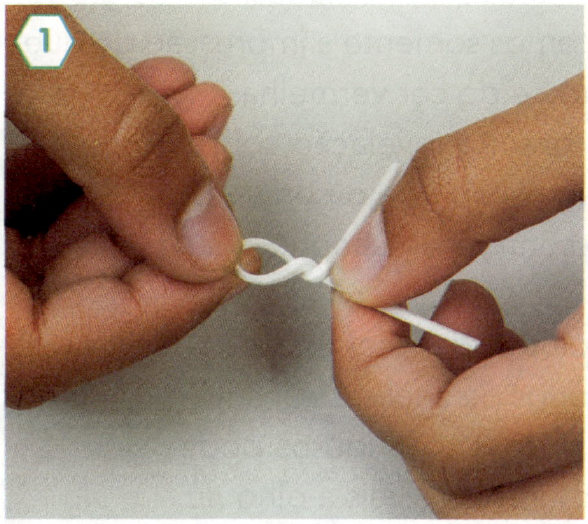

Fotos: Sergio Dotta/The Next

Tente alinhar duas "lupas caseiras" de maneira que forme uma imagem. Essa imagem é maior ou menor do que com uma lupa só?

O que forma o sangue?

Vamos conhecer os glóbulos brancos e os glóbulos vermelhos do sangue.

Você sabe por que o sangue é vermelho?

Veja as fotografias abaixo e comprove: De perto o que você vê? E de longe, é possível ver a mesma coisa?

Para responder a essa pergunta, vamos fazer uma comparação do sangue com a pintura que o artista produziu na página de abertura deste capítulo.

Repare que, bem de perto, podemos constatar que inúmeros pontinhos coloridos formam a imagem pintada pelo artista.

Fotos: Fernando Favoretto/Criar Imagem

Observando à distância, vemos que uma das crianças segura desenhos de duas "manchas vermelhas". Olhando os mesmos desenhos mais de perto, vemos que uma das imagens possui várias pequenas estruturas vermelhas desenhadas.

Em nossa comparação, podemos dizer que algo parecido ocorre quando observamos o sangue ao microscópio. Por meio da microscopia, temos a revelação de que o sangue é formado por inúmeras e diminutas estruturas avermelhadas: são os **glóbulos vermelhos**. Já a olho nu, temos somente a impressão de que o sangue é "algo contínuo" e de cor vermelha.

Essa é, portanto, uma grande revelação sobre nosso corpo que devemos à microscopia: é o conjunto de glóbulos vermelhos que confere ao sangue a sua cor característica.

Hoje em dia, microscópios podem ser encontrados em hospitais, laboratórios de análises e institutos de pesquisa, por exemplo. Utilizando-os podemos observar muitas estruturas invisíveis a olho nu.

Observando o sangue ao microscópio podemos ainda encontrar os **glóbulos brancos**. Eles existem em menor quantidade do que os glóbulos vermelhos e atuam na defesa do organismo contra agentes estranhos, como vírus e bactérias. Já os glóbulos vermelhos do sangue têm um importante papel no transporte de oxigênio pelo corpo.

Agora que você já aprendeu tudo isso, pare um pouco para pensar: quando nos ferimos e começamos a perder sangue, estamos na verdade perdendo uma grande quantidade de glóbulos vermelhos e de glóbulos brancos! Em situações como essas é que um coágulo sanguíneo começa a ser formado. O coágulo é uma espécie de "malha" de proteínas na qual os componentes do sangue ficam retidos.

1 Veja abaixo imagens do sangue obtidas em diferentes ampliações e leia as legendas.

Cristina Pedrazzini/Science Photo Library/Latinstock

Sangue visto a olho nu.

Eric Grave/Science Photo Library/Latinstock

Sangue ampliado cerca de 485 vezes ao microscópio óptico.

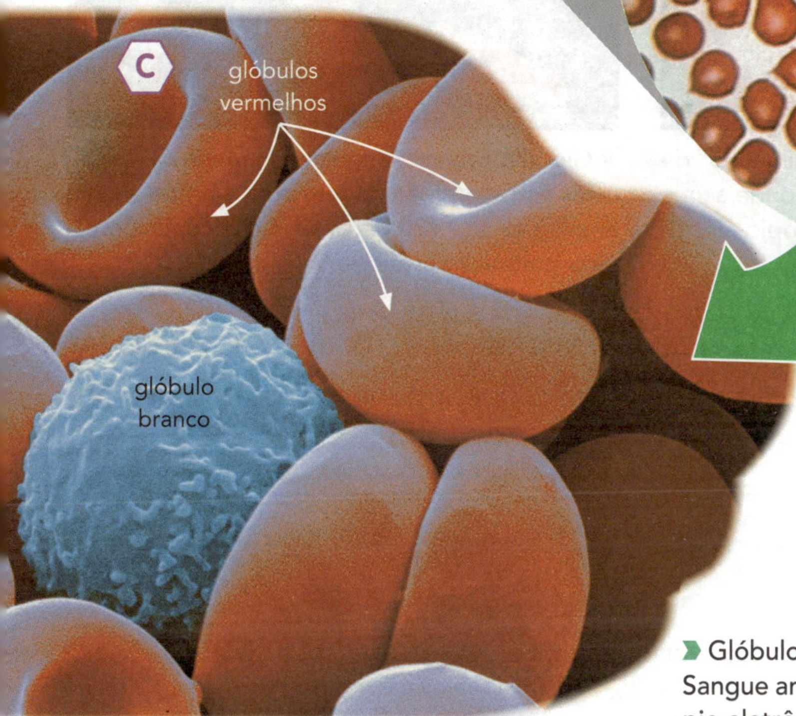

Andrew Syred/Science Photo Library/Latinstock

Glóbulos vermelhos e glóbulo branco no sangue. Sangue ampliado cerca de 9 110 vezes ao microscópio eletrônico de varredura (coloração artificial).

2 Conte os glóbulos vermelhos e os glóbulos brancos da imagem **B** e preencha o quadro abaixo. Depois, troque ideias com os colegas: Quais são as diferenças que vocês observaram entre os glóbulos brancos e os vermelhos?

	Quantidade observada
Glóbulos vermelhos	
Glóbulos brancos	

Compare a sua contagem com a de seus colegas. Vocês encontraram o mesmo número de glóbulos vermelhos?

3 Observe as imagens abaixo, que mostram uma forma pela qual nosso organismo "reage" a partículas estranhas.

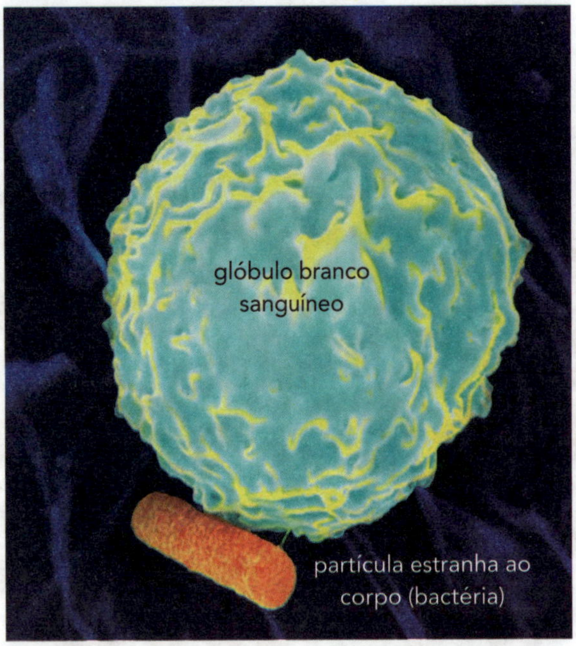

Glóbulo branco sanguíneo "se aproximando" de partícula estranha. A imagem corresponde a uma ampliação de 7 625 vezes ao microscópio eletrônico (coloração artificial).

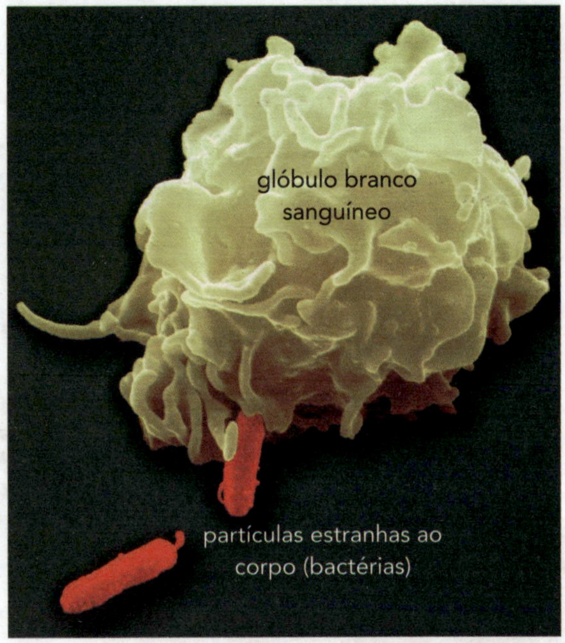

Glóbulo branco sanguíneo "ingerindo" partículas estranhas. A imagem corresponde a uma ampliação de 7 420 vezes ao microscópio eletrônico (coloração artificial).

4 Troque ideias com os colegas: O que está acontecendo com essas partículas estranhas ao corpo? Depois, complete o texto que alguns alunos começaram a escrever.

Você sabe que papel os glóbulos brancos desempenham no nosso corpo?

Alguns glóbulos brancos atuam da seguinte maneira:

- primeiro eles ____;
- depois eles ____.

Os glóbulos brancos são, portanto, células do sangue que desempenham um importante papel: ____.

5 Observe a imagem ampliada do sangue na área de um machucado no instante em que o sangramento já estava estancando. Veja também a imagem de um saco de batatas.

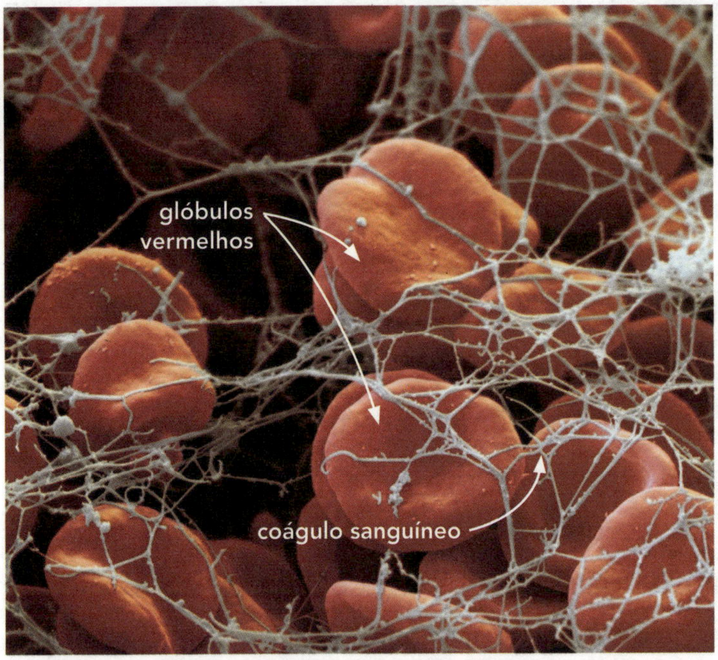

Glóbulos vermelhos do sangue presos a uma "malha", formando um coágulo sanguíneo. A imagem corresponde a uma ampliação de 2 356 vezes ao microscópio eletrônico de varredura (coloração artificial).

Batatas em saco de rede.

6 Compare as duas imagens acima e troque ideias com os colegas. Depois, termine de escrever o texto que alguns alunos começaram a elaborar.

Você sabe o que acontece com o sangue quando ele coagula?
Uma maneira de entender isso é comparar uma imagem ampliada do ______________________
com uma imagem de batatas contidas em um saco.
Veja só: de forma semelhante ao que ocorre no caso das batatas ensacadas, que ficam "presas" nas malhas da rede do saco onde estão contidas, os ______________________
______________________ ficam "estancados"
por uma "malha" que se forma onde há o coágulo.

Surge um novo ser

Vamos aprender como se origina um recém-nascido.

Você sabe o que são células e em que parte do corpo humano elas podem ser encontradas?

Chamamos de células as pequenas estruturas que formam músculos, ossos, pele, cérebro, sangue, intestinos, pulmões, etc., que compõem o nosso corpo. Os glóbulos vermelhos e os glóbulos brancos são exemplos de célula.

Também são exemplos de célula os espermatozoides e os óvulos. Os **espermatozoides são células reprodutoras masculinas**, produzidas nos testículos. Os **óvulos são células reprodutoras femininas**, produzidas nos ovários.

Podemos considerar que o início de uma nova vida humana se dá pela fecundação: o encontro de um espermatozoide com uma célula reprodutora feminina. A partir daí, começa a se desenvolver um embrião: um novo ser que possui várias células e que amadurece dentro do útero materno, durante o período de gestação ou gravidez. Com cerca de 8 semanas, esse ser já possui pernas, braços, mãos e pés, e é chamado de feto. Ao final de aproximadamente nove meses de gravidez, ocorre o parto, quando a mãe dá à luz o bebê.

FatCamera/E+/Getty Images

Mãe e seu bebê. Geralmente, a gravidez dura nove meses e termina no momento do parto.

1 Termine de preencher as lacunas das legendas usando os termos do banco de palavras. Em seguida, troque ideias com os colegas: Qual imagem corresponde a cada legenda?

fecundação	feto	gravidez	embrião	útero

Os elementos representados nesta página não estão na mesma proporção de tamanho.

Lennart Nilsson/Arquivo da editora

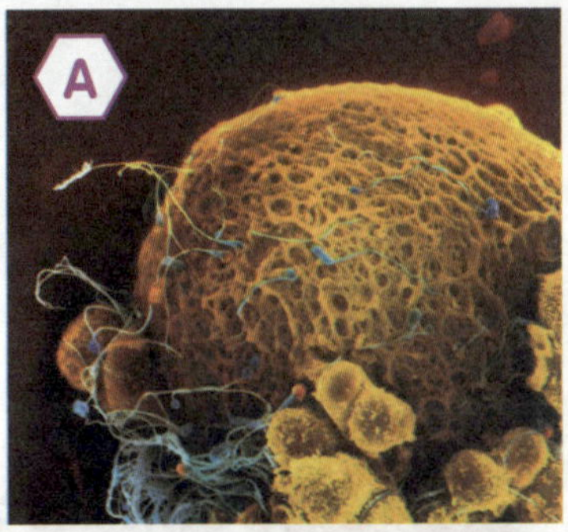

Dr. Yorgos Nikas/SPL/Latinstock

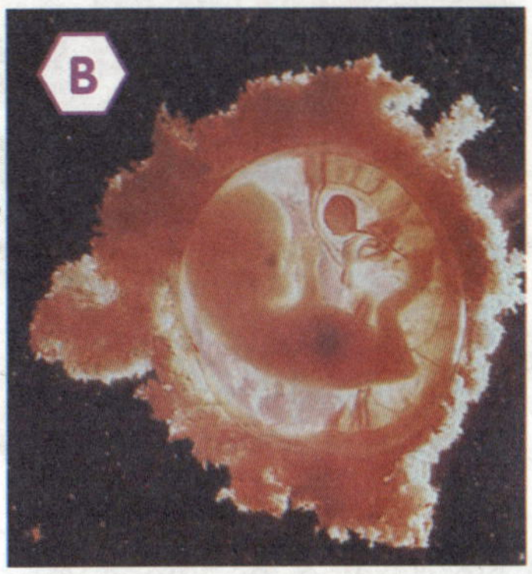

Lennart Nilsson/Arquivo da editora

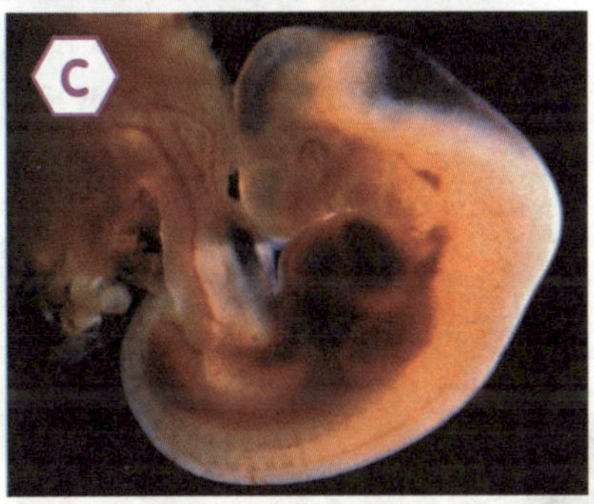

Lennart Nilsson/Arquivo da editora

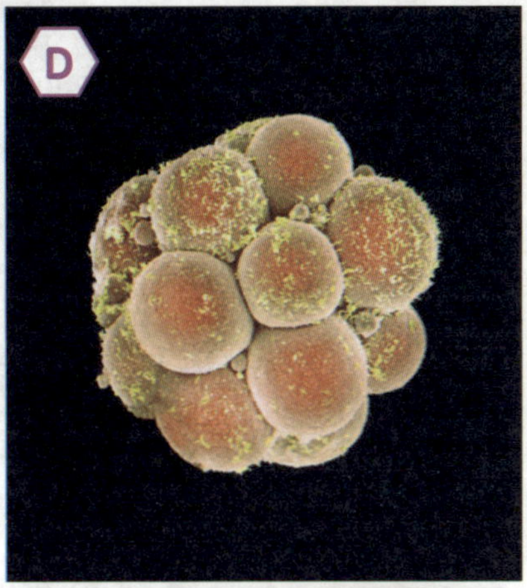

Lennart Nilsson/Arquivo da editora

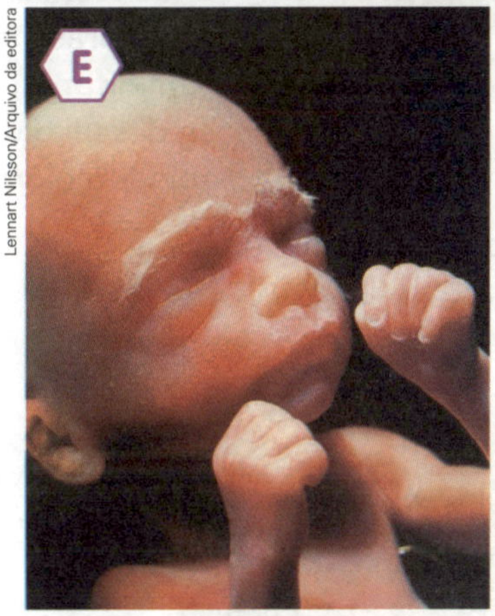

- **Legenda 1** – A ______________________ marca o início de uma gravidez. (Fotografia ____).
- **Legenda 2** – Com 4 dias, o embrião se parece com uma bola, com pouco mais de 0,1 milímetro de diâmetro. Está na tuba uterina e segue em direção ao ______________________. (Fotografia ____).
- **Legenda 3** – Com 4 semanas, o ______________________ tem uma cauda e o coração já bate. Através do cordão umbilical, ele recebe do sangue da mãe os nutrientes e o oxigênio de que necessita. (Fotografia ____).
- **Legenda 4** – Com 3 meses, o ______________________ tem de 8 a 9 centímetros. Todos os órgãos internos estão formados. Pela ultrassonografia podemos identificar o sexo do bebê. (Fotografia ____).
- **Legenda 5** – Com 6 meses, a ______________________ continua. O feto já se parece bastante com um recém-nascido. Ele fecha os olhos quando dorme e os abre quando está acordado. É capaz de tossir, ter soluços e pode chupar o polegar. (Fotografia ____).

2 As fotografias abaixo foram obtidas com o uso de microscópios. Observe-as com atenção e leia as legendas, que revelam algumas diferenças entre o corpo de homens e o de mulheres.

Os elementos representados nesta página não estão na mesma proporção de tamanho.

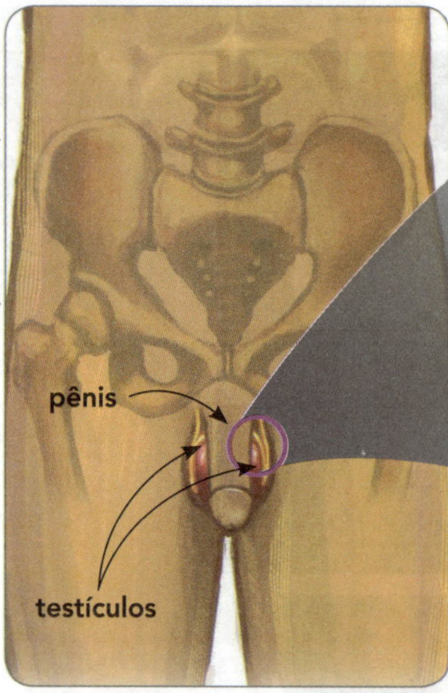

Principais estruturas relacionadas à reprodução no homem: **pênis** e **testículos** (cores fantasia).

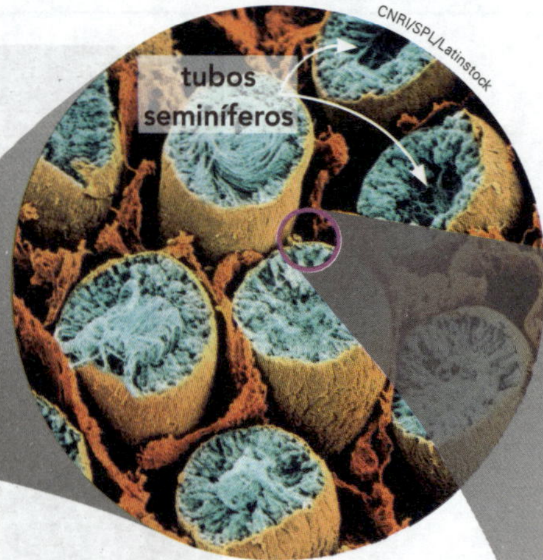

Os testículos possuem várias estruturas chamadas **tubos seminíferos**, dentro dos quais se desenvolvem os espermatozoides (coloração artificial).

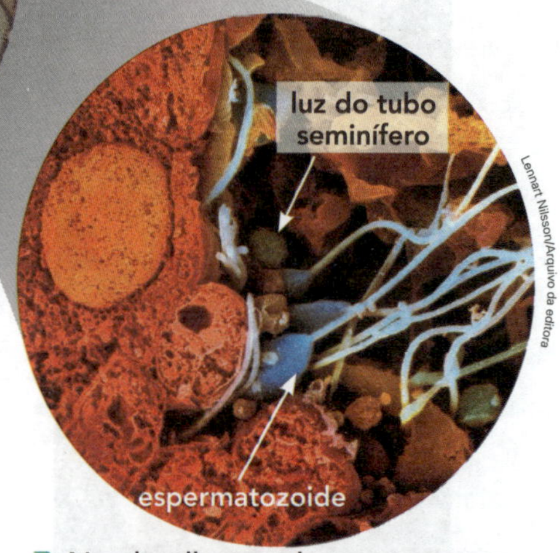

No detalhe, podemos ver **espermatozoides** (em azul) na luz de um tubo seminífero (coloração artificial).

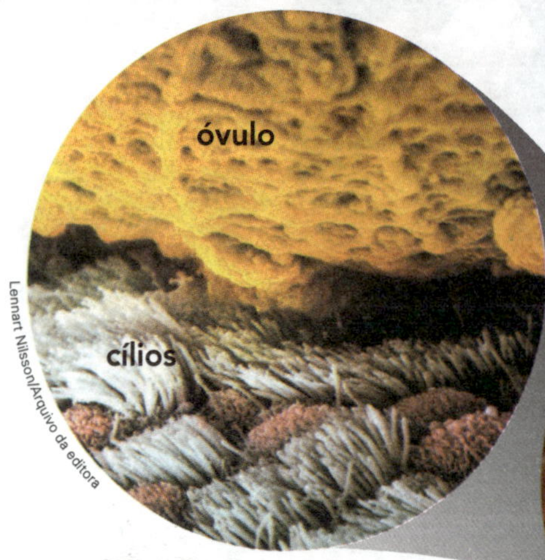

Dentro da **tuba uterina**, o óvulo, que foi produzido no ovário, segue em direção ao útero (coloração artificial).

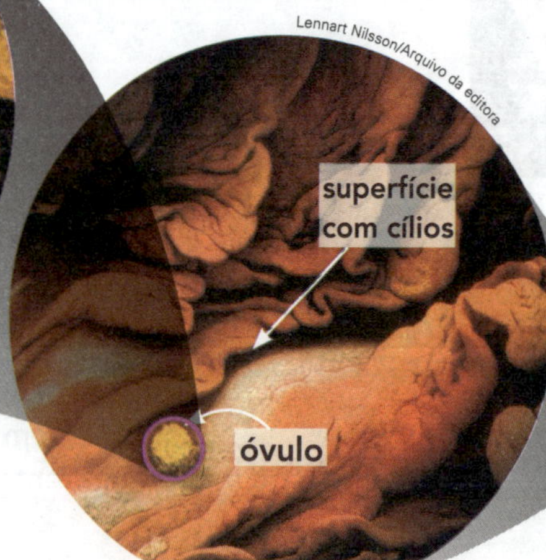

No detalhe, podemos ver os cílios da superfície da tuba uterina (coloração artificial). É o movimento desses cílios que conduz o **óvulo** até o **útero**.

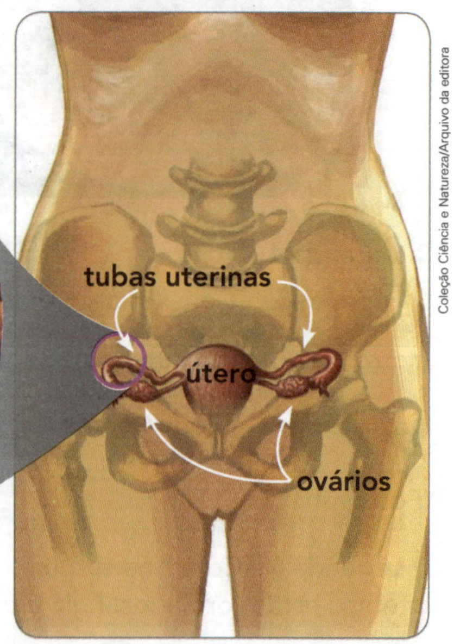

Estruturas chamadas **tubas uterinas** comunicam os **ovários** ao **útero** da mulher (cores fantasia).

3 Termine de escrever o texto que sintetiza as informações veiculadas nos fragmentos de texto desta página e da página anterior.

Título: Corpo de mulheres e de homens.

Introdução do texto: Existem várias diferenças entre o corpo de homens e o de mulheres. Aqui explicaremos algumas delas.

Desenvolvimento do texto: No corpo das mulheres, os __________ são as estruturas femininas responsáveis pela produção de __________, que são as células reprodutoras femininas. Aproximadamente uma vez ao mês, um óvulo é liberado por um __________. Se fecundado, esse óvulo vai para as tubas uterinas e segue em direção ao __________, que é o local onde o futuro bebê vai se desenvolver durante, aproximadamente, nove meses de __________. No corpo dos homens, as principais estruturas relacionadas à reprodução são os __________. Dentro deles existem os __________, nos quais é encontrada uma quantidade muito grande de __________, que são as células masculinas responsáveis pela reprodução.

Desafio

4 Faça uma pesquisa com os colegas e procurem descobrir: Onde podemos encontrar microscópios e para que são utilizados?

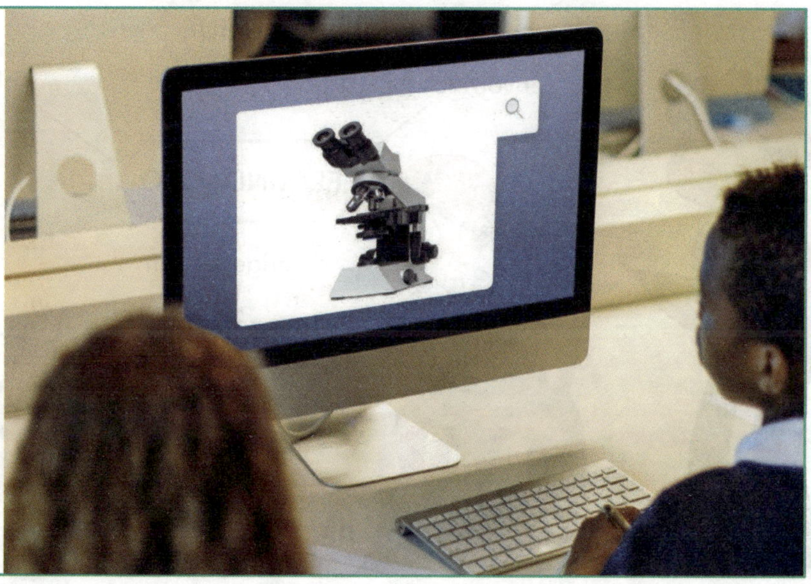

Foto: Rawpixel.com/Shutterstock
Microscópio: MaZiKab/Shutterstock

VAMOS VER DE NOVO?

Neste capítulo você aprendeu que:

- O corpo humano possui células.
- Glóbulos brancos e glóbulos vermelhos são células do sangue.
- Mulheres possuem ovários, dentro dos quais podem ser produzidos óvulos.
- Homens possuem testículos, dentro dos quais podem ser produzidos espermatozoides.
- Espermatozoides e óvulos são células reprodutoras envolvidas na fecundação.
- A partir da fecundação, desenvolve-se um embrião, que se transforma em um feto e, finalmente, em um recém-nascido.

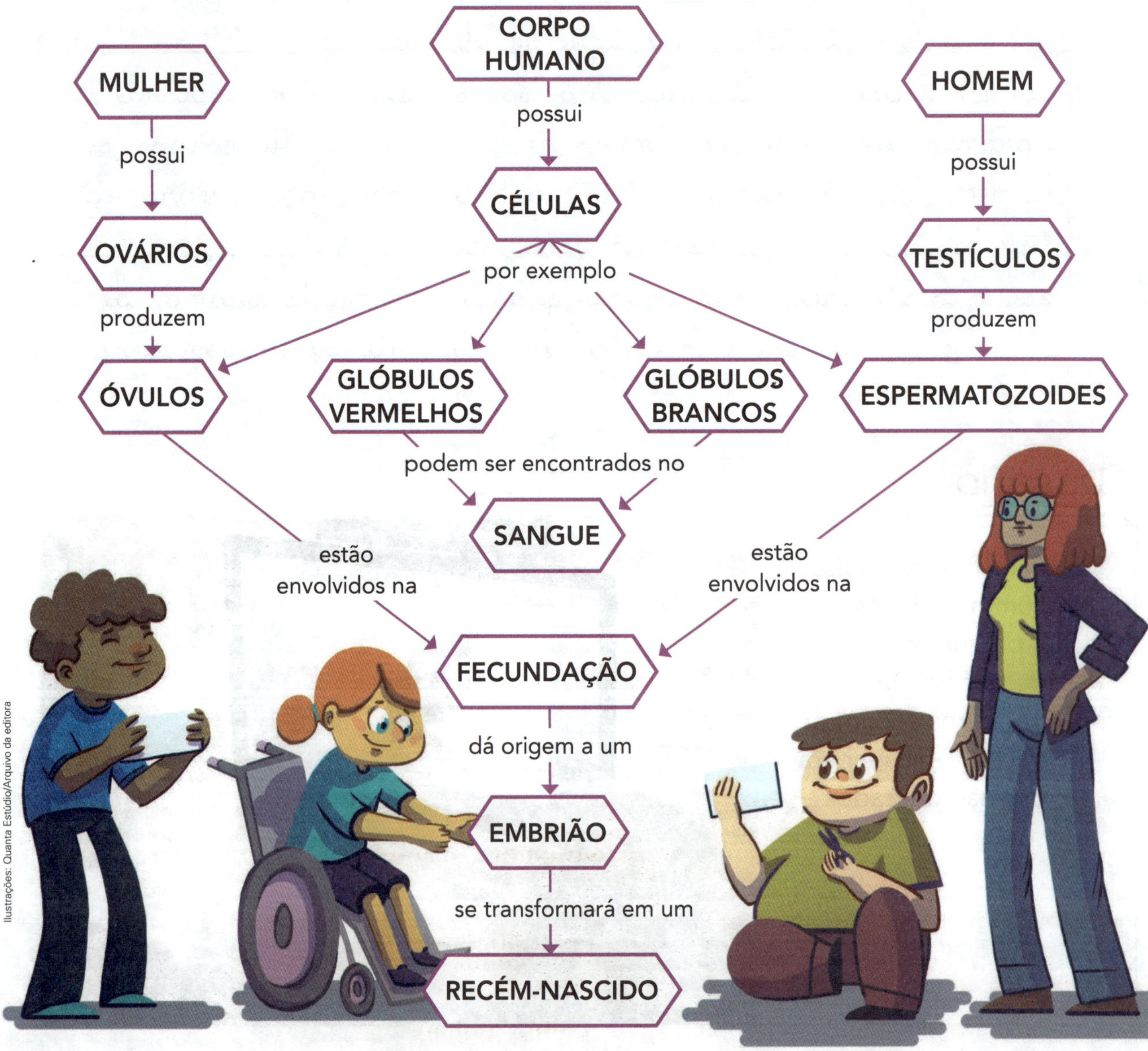

Ilustrações: Quanta Estúdio/Arquivo da editora

1 Esta cruzadinha já está resolvida. Agora, no caderno, crie as questões para cada um dos itens, usando os termos do banco de palavras.

filho	7ª semana	mãe	estrutura	desenvolvimento	gestante	ser
nutrientes	mulher	produzidos	fecundação	8ª semana	homem	

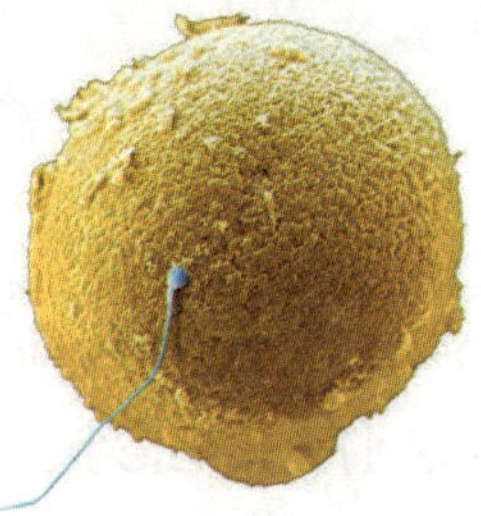
Eye of Science/Science Photo Library/Latinstock

a) FETO
b) ESPERMATOZOIDE
c) ÓVULO
d) CORDÃO UMBILICAL
e) GRAVIDEZ
f) EMBRIÃO
g) TESTÍCULOS

2 Veja o que alguns alunos falaram: Você concorda ou não? O que você diria a eles para esclarecer as dúvidas que têm? Responda com base no que você estudou neste capítulo.

Quanta Estúdio/Arquivo da editora

TECENDO SABERES

Os elementos representados nesta página não estão na mesma proporção de tamanho.

1 Leia o texto abaixo e reflita sobre como a atividade de um profissional pode levá-lo a criar um invento.

Arsmachina/Arquivo da editora

› Reprodução do microscópio de Leeuwenhoek.

Microscópios e máquinas fotográficas

Os primeiros microscópios foram inventados por um fabricante de lentes, o holandês Anton van Leeuwenhoek (1632-1723). Ele fazia lentes muito boas e logo se fascinou pelo que conseguia ver através delas. Acoplando-as a uma base na qual colocava o que iria observar, criou o que se considera ser o primeiro microscópio.

Mas não bastava ter boas lentes, durante muito tempo um dos principais trabalhos dos microscopistas era também registrar o que observava. Detalhes cada vez menores eram revelados, fazendo-se necessários bons desenhos para comunicar o que se via.

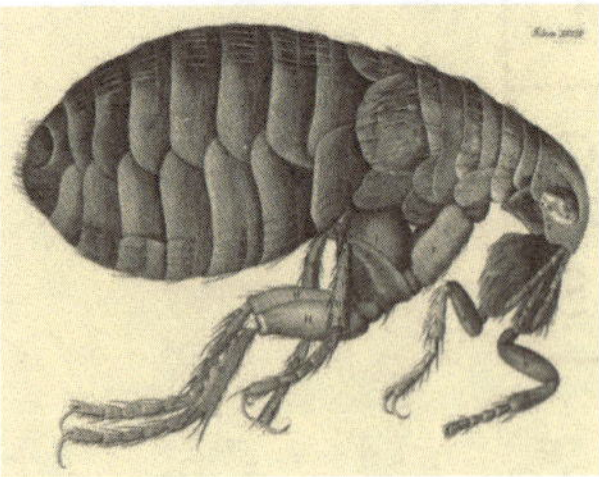

British Library/SPL/Latinstock

› Ilustração de uma pulga feita por um pesquisador por meio de observações ao microscópio.

Hoje em dia, tudo ficou um pouco mais fácil: a imagem vista pode ser fotografada ou filmada, e, em um clique, já está pronta para ser compartilhada.

Só que para isso acontecer, uma outra invenção teve de entrar em cena: a máquina fotográfica. Assim como os microscópios, as primeiras máquinas fotográficas surgiram a partir dos impulsos e necessidades de uma profissão.

Louis Jacques Mandé Daguerre (1787-1851) foi um artista francês que trabalhava no ramo do entretenimento pintando cenários para diferentes espetáculos. A preocupação em desenvolver pinturas cada vez mais realistas talvez o tenha motivado a aperfeiçoar os métodos de captura de imagem existentes em sua época. Assim, em 1839 ele anuncia a sua invenção: o Daguerreótipo.

Archives Charmet/Bridgeman Images/Keystone Brasil

› Daguerreótipo, uma das primeiras invenções para registrar imagens.

Se até aquela época apenas profissionais que dominavam a arte de desenhar e pintar registravam imagens, a partir de então havia uma nova opção, pois as primeiras imagens dos daguerreótipos impressionavam pelo realismo e pelos contrastes.

Mas, com o passar do tempo, as câmeras ficaram menores e portáteis. As imagens foram digitalizadas e a fotografia foi enormemente popularizada.

Já pensou se a história tivesse sido assim com os microscópios? Como seria se todos tivessem nas mãos um instrumento que lhes permitisse ampliar o poder de visão em 20, 100, 400, mil vezes ou mais?

Adaptado de: **Microbe hunters**. Paul de Kruif. Harvest Book, 2002.

2 Troque ideias com os colegas e participe do debate com estas crianças, completando os balões.

3 Compare a imagem da cidade na fotografia tirada por Daguerre com sua máquina à imagem dessa mesma cidade atualmente. Quais são as mudanças que mais chamam a sua atenção?

Imagem de uma praça em Paris (França) obtida com um daguerreótipo em 1850.

Fotografia da mesma praça, obtida em 2016.

4 Leeuwenhoek fabricava lentes. Daguerre era um artista. Preencha o quadro abaixo descrevendo profissões que você conhece.

Nomes da profissão	O que o profissional faz

O QUE ESTUDAMOS

Nesta unidade:

- Exploramos o que ocorre com nosso corpo durante a atividade física.
- Fizemos pesquisas sobre estruturas do corpo humano relacionadas à circulação, à respiração e à digestão.
- Estudamos a reprodução humana e o desenvolvimento dentro do útero materno.

Observe as imagens a seguir e relembre o que estudou. Depois, converse com os colegas e o professor sobre o que você aprendeu nesta unidade que antes não sabia.

Você...

Sergey Novikov/Shutterstock

... investigou os batimentos cardíacos e os movimentos respiratórios em diferentes atividades físicas.

Leonard Zhukovsky/Shutterstock

... analisou o gasto energético associado a diferentes atividades do dia a dia.

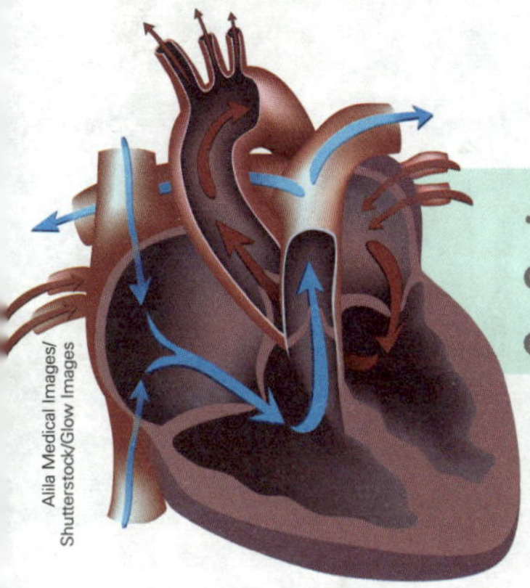

Alila Medical Images/ Shutterstock/Glow Images

... descobriu por onde passa o ar que respira e o que existe dentro do coração.

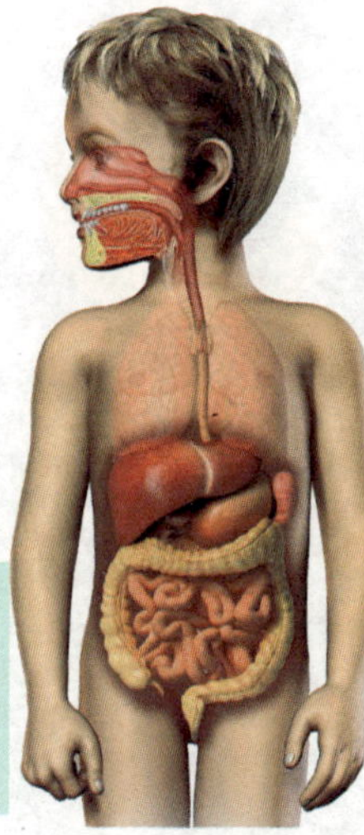

Leonello Calvetti/Dreamstime/Glow Images

... estudou estruturas do corpo que atuam na digestão dos alimentos.

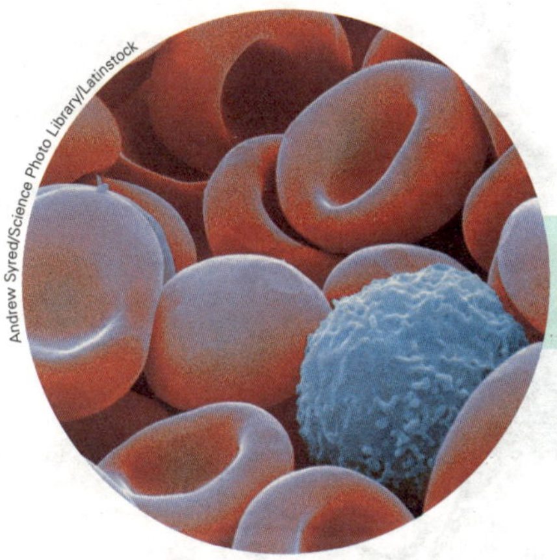

Andrew Syred/Science Photo Library/Latinstock

... conheceu os glóbulos vermelhos e os glóbulos brancos do sangue.

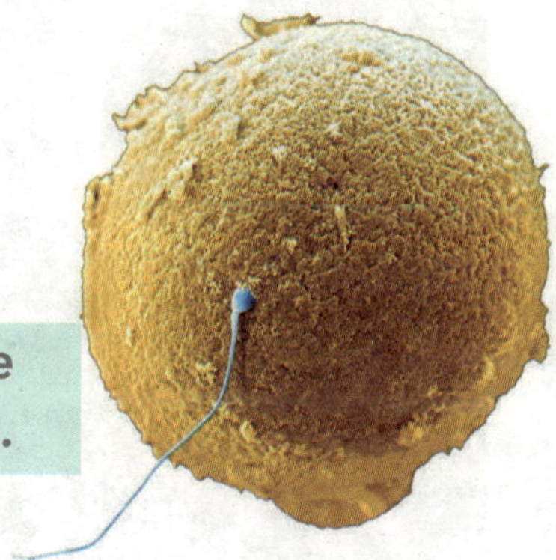

Eye of Science/Science Photo Library/Latinstock

... ficou sabendo como se origina um recém-nascido.

Folheie as páginas anteriores e reflita sobre valores, atitudes e o que você sentiu e aprendeu nesta unidade.

- Depois do que você estudou, você se sentiu estimulado a praticar atividades físicas com regularidade?
- O que você pensou e sentiu ao ver as incríveis imagens do corpo humano mostradas nesta unidade? Quais imagens mais chamaram a sua atenção?
- Em relação ao corpo humano, do que você mais gostou de estudar? E o que você gostaria de estudar mais a fundo a partir de agora?

Unidade 3

Ser saudável

Rubens Gomes/Arquivo da editora

- Que idade você acha que têm as pessoas que estão se olhando no espelho?
- Você sabe o que representam as prateleiras com alimentos no centro dessa exposição?
- O que você identifica nesta imagem que pode fazer bem para a saúde das pessoas?

Capítulo 7

Nosso corpo em mudança

Moldura: denispro/Shutterstock

Reprodução/The Norman Rockwell Museum, Stockbridge, EUA.

Garota no espelho, de Norman Rockwell, 1954 (óleo sobre tela, 80 cm × 75 cm).

Como é que vai ficar o meu corpo?

Neste capítulo vamos estudar algumas mudanças que ocorrem conosco na adolescência e refletir sobre o que as pessoas costumam considerar um corpo bonito.

Para iniciar

- Existe alguma coisa no seu corpo que você gostaria que fosse diferente?
- O que você sente pelo sexo oposto? Interesse? Curiosidade? Algum outro sentimento? Nada? Troque ideias com os colegas.
- A adolescência é uma fase de muitas mudanças. Converse com os colegas: Em que idade uma pessoa é considerada adolescente? Que alterações físicas costumam ocorrer nesse período?

Atividade prática

O que acontece conosco à medida que vamos deixando de ser crianças? Para descobrir, que tal fazer uma pesquisa de opinião?

Como fazer

1. Forme um grupo com dois colegas e escolham pessoas mais velhas para entrevistar: adultos e jovens.
2. Elaborem um roteiro de perguntas: "Quando você percebeu que a infância estava terminando?"; "O que mudou?"; "Como as mudanças que ocorreram no seu corpo fizeram você se sentir?"; etc.
3. Realizem as entrevistas, anotando todas as informações obtidas. Se possível, gravem uma das entrevistas.
4. Analisem os resultados das entrevistas e compartilhem com os colegas as informações obtidas. As respostas foram diferentes ou parecidas? Quais foram as respostas mais comuns para cada uma das perguntas?

Hagaquezart Estúdio/Arquivo da editora

Deixando de ser criança

O que começa a acontecer conosco quando vamos deixando de ser crianças?

Até quando somos crianças? E o que acontece quando deixamos de sê-lo?

Para saber mais sobre esses assuntos, leia a entrevista a seguir, com uma médica pediatra.

Com a palavra...

Acervo do autor/Arquivo da editora

Evelin Pontes é médica pediatra.

O que é adolescência e pré-adolescência?

A adolescência é um período de transição entre o "ser criança" e o "se tornar adulto". Também é chamada **puberdade**. A pré-adolescência é o primeiro desabrochar desse período. É quando começam a ocorrer transformações físicas que deixam nosso corpo menos parecido com o das crianças.

Quais são algumas dessas transformações físicas?

Nas meninas crescem os seios, surgem pelos nas axilas e no púbis, aumenta o quadril e ocorre a menarca, ou primeira menstruação. Nos meninos surgem pelos espaçados pelo corpo. O pênis e os testículos crescem, a voz engrossa e o corpo está preparado para que ocorra a primeira ejaculação.

E quais são algumas outras mudanças que ocorrem nesse período da vida?

Entre outras coisas, são comuns as variações de humor. Ora estamos eufóricos e empolgados com nós mesmos, pois temos a **convicção** de que já somos bem crescidinhos, ora nos sentimos como crianças que ainda precisam de colo nesse mundo de gente grande e queremos nos isolar de tudo e de todos.

convicção: certeza; segurança daquilo que se está falando.

Qual seria um último recado que você gostaria de dar?

Temos de ter clareza que a adolescência dura alguns anos. Não deixamos de ser crianças e nos tornamos adultos de um dia para o outro, e é bem possível lidar com todas as mudanças de maneira tranquila. A adolescência é como uma flor desabrochando. No início, temos as primeiras transformações físicas. Algo como as primeiras pétalas de uma flor que estão se abrindo. Daí para a frente ainda há um longo caminho até toda a flor se abrir e se mostrar por completo, isto é, até nos tornarmos os belos adultos que seremos.

1 Ajude a escrever o **Dicionário científico das crianças**, explicando os termos abaixo.

adolescência: ______________________________

____

____

a b c d e f

Banco de imagens/Arquivo da editora

pré-adolescência: ______________________________

____

____

o p q r s t u

Banco de imagens/Arquivo da editora

2 Sintetize o que a médica informou na entrevista da página anterior. Para isso, preencha a tabela a seguir.

	Meninos	Meninas
Sinais físicos de que a infância está acabando e a adolescência vem chegando.		
Outros sinais de que a infância está acabando e a adolescência vem chegando.		

3 Leia com atenção o poema sobre o tema "infância". Depois, responda ao que se pede.

Infância

Chutei bola na chuva,
Roubei laranja, banana,
Goiaba e uva,
[...]
Quebrei uma dúzia de ovos,
Rachei a cabeça,
Cortei o dedo,
Tremi de medo,
Escorreguei na lama,
Fiz xixi na cama,
Soltei pipa,
Esfolei o joelho,
Criei um coelho,
Andei no mato,
Perdi um sapato,
Pesquei na represa,
Ganhei um presente,
Tive dor de dente,
Caí do muro,
Chorei no escuro,
Faltei na escola,
Descobri um tesouro,
Sonhei com besouro,
Libertei um passarinho,
Fui uma história em quadrinho.

LALAU; Laurabeatriz. **Bem-te-vi e outras poesias**. São Paulo: Companhia das Letrinhas, 1994. (Adaptado.)

a) Em sua opinião, quais são algumas características da infância sugeridas pela leitura do poema "Infância"?

____

____

b) Troque ideias com os colegas e dê exemplos de coisas que você faz no dia a dia que indicam que você ainda é criança. Dê exemplos de outras coisas que você faz que sinalizam que você já não é tão criança assim.

4 Agora, leia o texto a seguir, que fala sobre um tema da adolescência.

Hagaquezart Estúdio/Arquivo da editora

Como ocorre e quais são as consequências da puberdade precoce

Problema pode atingir crianças muito pequenas, a maioria meninas, e exige atenção dos pais

Há indícios de que são cada vez mais numerosos os casos em que a largada para o processo de amadurecimento se dá antes da idade considerada adequada, ainda que os dados não sejam muito precisos. O que se sabe é que tem diminuído a idade do surgimento da puberdade e também a idade da primeira menstruação nas últimas décadas – observa a endocrinologista pediátrica Leila Pedroso de Paula, do Hospital de Clínicas.

Pouco mais de um século e meio atrás, as meninas tinham a sua primeira menstruação, conhecida como menarca, com uma média de 17 anos. A idade foi caindo com o passar do tempo e, hoje, está na faixa dos 12 anos.

Atualmente, os manuais médicos estabelecem como dentro da normalidade o começo da puberdade a partir dos oito anos nas meninas e dos nove anos nos meninos. Nelas, o marco inicial costuma ser o surgimento das mamas. Neles, o crescimento dos testículos.

Em algumas situações, a ciência consegue determinar o que provocou a puberdade precoce, mas na maioria dos casos trata-se de um mistério – e um campo fértil para **conjecturas**.

conjectura: suposição, ideia ou opinião.

MELO, Itamar. Como ocorre e quais são as consequências da puberdade precoce. **Jornal Zero Hora**. Disponível em: <http://zh.clicrbs.com.br/rs/vida-e-estilo/vida/noticia/2016/05/como-ocorre-e-quais-sao-as-consequencias-da-puberdade-precoce-5811444.html>. (Adaptado.) Acesso em: jan. 2017.

- Troque ideia com os colegas: O que o texto informativo diz sobre a puberdade?

Desafio

5 Agora é a sua vez! Em uma folha à parte, faça uma história em quadrinhos, um poema ou um texto informativo para explicar o que você aprendeu sobre o final da infância e o começo da adolescência.

Ideais de beleza

Vamos explorar quanto o contexto social em que vivemos influencia a imagem do corpo que desejamos ter.

O que é o belo?

Hoje em dia, fala-se muito em como ter o "corpo perfeito" ou o "corpo ideal". São corpos com músculos bem definidos e pouca gordura, mostrados em todos os lugares: na TV, nos jornais e nas revistas, em histórias em quadrinhos, até mesmo em bonecos e bonecas infantis.

O corpo considerado "ideal" é aquele que corresponde a um modelo a ser copiado. Os modelos profissionais que aparecem na mídia, geralmente, divulgam essa imagem do que seria um corpo ideal, associando-a à beleza.

Porém, durante a adolescência, o corpo muda rapidamente. Pelos nascem onde não queremos, as gordurinhas começam a se acumular aqui e ali, surgem as espinhas... e, com isso, aumentam as preocupações, as incertezas e o desejo de ter o tal "corpo perfeito".

Pode ser normal você, em algum momento, sentir vontade de mudar uma ou outra coisa em seu corpo. Mas lembre-se que ninguém é igual a ninguém.

Você já parou para pensar que o que é belo para uma pessoa pode ser diferente do que é belo para outra?

O conceito do que é belo pode ir muito além do que é colocado como "ideal" na TV e nas revistas. Talvez muito melhor do que perseguir modelos de beleza seja você descobrir o que há de belo em você mesmo!

Explique os significados da palavra **modelo**, usada três vezes no texto.

Hagaquezart Estúdio/Arquivo da editora

1 Agora é hora do debate! Analise as imagens do cartaz, converse com os colegas e o professor e responda:

Rawpixel.com/Shutterstock

2 Nas imagens abaixo estão fotografias de atores que representaram a Mulher Maravilha e o Batman em filmes ou seriados. Observe o corpo dos personagens e, com base nos padrões de beleza de cada época, associe corretamente as legendas às fotografias. No caderno, justifique a sua resposta.

Silver Screen Collection/Archive Photos/Getty Images

Warner Bros/Divulgação/Arquivo da editora

Silver Screen Collection/ Contributor/Getty Images

Warner Bros/Divulgação/Arquivo da editora

- O ator Adam West no papel de Batman, na década de 1960.
- O ator Ben Affleck no papel de Batman, em 2015.
- A atriz Gal Gadot no papel de Mulher Maravilha, em 2017.
- A atriz Lynda Carter no papel de Mulher Maravilha, na década de 1970.

3 Escreva o que poderia ser dito a cada um desses adolescentes, a fim de tranquilizá-los. Em suas respostas procure usar a expressão "ideal de beleza".

Ilustrações: Hagaquezart Estúdio/Arquivo da editora

4 No caderno, retrate pelo menos mais uma situação que represente um "dilema adolescente" em relação à aparência do próprio corpo.

5 Analise a tirinha abaixo e responda à questão.

- Você acha que as meninas saíram contentes do salão de beleza? Por quê?

____

____

____

> Agora é a sua vez! Crie uma história em quadrinhos com o mesmo título do item: **Ideais de beleza.** Procure abordar, de forma leve e bem-humorada, esse complexo tema.

6 **MURAL DA TURMA** Junto com os colegas, elaborem um cartaz com a mensagem: "Como será o meu corpo daqui a quatro anos?". Veja como está ficando o cartaz feito por alguns alunos.

Como será meu corpo daqui a 4 anos?

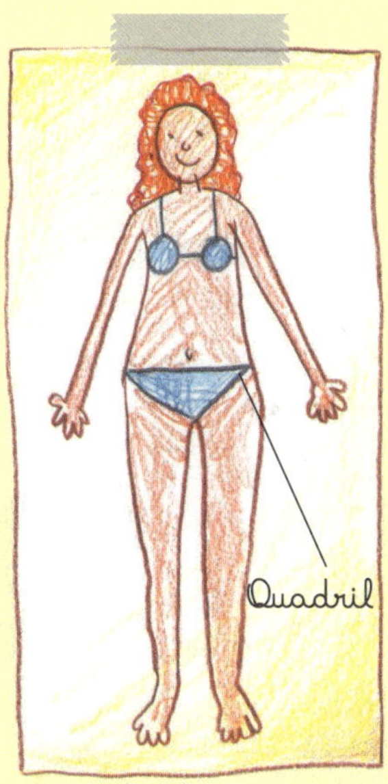

Não me venham com essa,
eu não caio nessa conversa!
Isso eu que digo porque me conheço,
sei muito bem o corpo que tenho.
Ele deve estar no ponto exato,
no ponto em que sou feliz de fato!

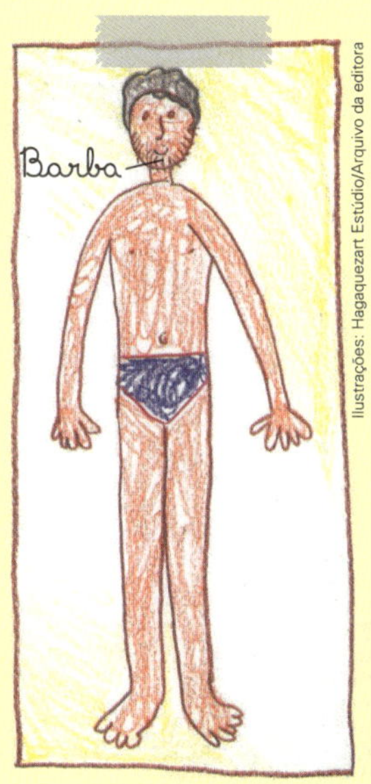

Você acha que o jovem deve se preocupar em seguir o padrão de beleza das mídias?

VAMOS VER DE NOVO?

Neste capítulo você aprendeu que:

- Com o final da infância e o começo da adolescência, ocorrem várias alterações no corpo de meninos e de meninas. Por exemplo, em ambos surgem pelos nas axilas e na região pubiana.
- Nas meninas os seios se desenvolvem, os quadris se alargam e ocorre a primeira menstruação.
- Nos meninos surgem pelos no rosto, a voz engrossa e pode ocorrer a primeira ejaculação.
- Em geral, o adolescente se inquieta com as mudanças que ocorrem em seu corpo e se preocupa em ter um corpo socialmente aceito.
- O contexto social em que vivemos influencia o ideal de beleza que temos.

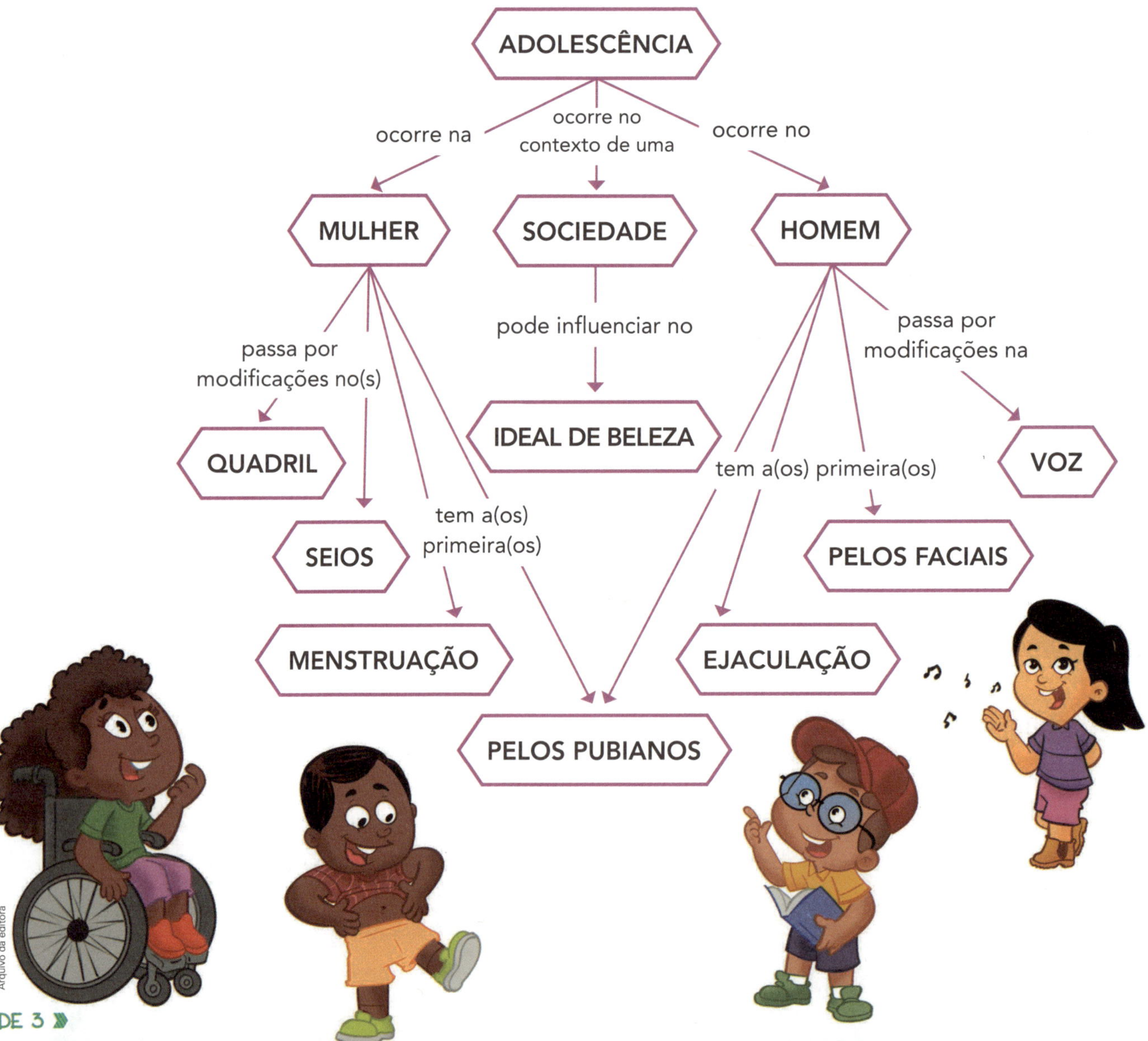

Ilustrações: Quanta Estúdio/ Arquivo da editora

1 Esta cruzadinha já está resolvida. No caderno, escreva possíveis explicações para cada um dos itens.

						1					
						P					
2		E	J	A	C	U	L	A	Ç	Ã	O
						B					
						E					
3	M	E	N	S	T	R	U	A	Ç	Ã	O
						D					
4			M	E	N	A	R	C	A		
						D					
						E					

Fabio Eugenio/Arquivo da editora

2 Troque ideias com os colegas e elabore textos para os balões de fala em branco, citando mudanças que ocorrem com a chegada da adolescência.

Ilustração: Hagaquezart Estúdio/Arquivo da editora; Foto: Rogério Montenegro/Arquivo da editora

Capítulo 8

Nossa alimentação, nossa saúde

Ilustrações: Hagaquezart Estúdio/Arquivo da editora

Como é sua alimentação?

Neste capítulo vamos analisar informações nutricionais de diferentes alimentos e aprender sobre alimentação saudável.

Para iniciar

- Faça uma lista no caderno com exemplos de alimentos que você costuma comer nas seguintes refeições: café da manhã, almoço e jantar. Compartilhe com os colegas.
- Troque ideias com os colegas: No seu dia a dia você se preocupa com a sua alimentação? Você acha que precisa ou não mudar alguma coisa em relação aos seus hábitos alimentares?
- Você já reparou nas embalagens dos alimentos? Que informações elas nos trazem sobre o alimento que vamos consumir?

Atividade prática

Vamos analisar as informações que as embalagens dos alimentos nos fornecem.

Como fazer

1. Junte algumas embalagens vazias de alimentos (peça ajuda a seus familiares).

2. Selecione as embalagens que apresentam informações mais visíveis sobre o produto (data de validade, informação nutricional, valor energético, ingredientes e condições de conservação).

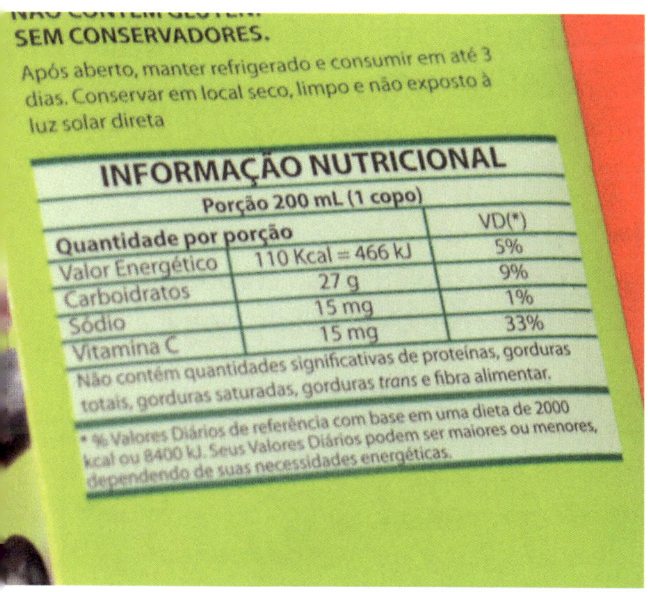

3. Limpe as embalagens de forma que possam ser manuseadas por você e pelos colegas.

Fotos: Fernando Favoretto/Criar Imagem

4. Leve as embalagens para a sala de aula e compartilhe-as com os colegas.

Nutrientes nos alimentos

Vamos analisar embalagens de diferentes alimentos e interpretar suas informações nutricionais.

Você sabe o que os alimentos contêm que faz bem à nossa saúde?

Para descobrir respostas para essa pergunta, que tal conversarmos com uma nutricionista?

Com a palavra...

Acervo do autor/Arquivo da editora

Mariana Sala é nutricionista.

Como a boa alimentação contribui para a nossa saúde?

A alimentação dá a sua contribuição para a saúde como que "de dentro para fora", fornecendo os nutrientes de que precisamos.

Quais são alguns desses nutrientes?

Carboidratos, por exemplo, são fontes de energia. Pães, massas e arroz são ricas fontes de carboidratos, assim como as frutas. Aliás, as frutas também são ricas fontes de outros nutrientes, como vitaminas e minerais.

E qual é o papel das vitaminas e minerais?

São substâncias que atuam nos "bastidores" de vários processos que ocorrem no corpo e refletem no que vemos por fora – pele e dentes saudáveis, cabelos brilhantes, ossos fortes, etc. De maneira geral, os vegetais possuem uma diversidade de minerais e vitaminas.

Além desses, quais outros nutrientes existem?

As gorduras, que são essenciais para absorvermos certos nutrientes, também são fontes de energia. Mas temos de estar atentos às fontes de gordura em nossa alimentação. De maneira geral, é aconselhável reduzirmos o consumo de doces e manteigas e procurarmos usar mais sementes, castanhas e óleos vegetais.

Há mais algum nutriente que não pode faltar?

Proteínas: são nutrientes necessários para repor e reconstruir o nosso corpo. Carnes e ovos são ricos em proteínas. Mas também vários vegetais, como a lentilha e o espinafre, são fontes de proteínas.

Qual é o último recado que você gostaria de dar?

Eu vejo a todo momento crianças tomando sucos industrializados e refrigerantes, comendo salgadinhos. Não estão comendo frutas nem vegetais. Temos de aprender a escolher o que comemos. Meu lema é: "Saúde e bem-estar através da comida". Se você comer bem, ou seja, se comer o que precisa, vive melhor. Vamos comer bem?

1 Complete o quadro abaixo, que sintetiza algumas informações da entrevista da página anterior.

Nome do nutriente	Exemplos de alimentos que contêm o nutriente
Carboidratos	
Proteínas	
Gorduras	
Vitaminas e minerais	

2 Leia os textos que tratam de problemas de saúde relacionados à alimentação. Depois, no caderno, monte um quadro para sintetizar as informações obtidas em cada ficha, citando o problema alimentar e a consequência para a saúde.

Gael resolveu fazer uma dieta nova. Nada de leite e derivados. Depois de algum tempo começou a se queixar de câimbras e teve alguns incidentes de quebra de ossos. Em uma consulta, o médico diagnosticou seu caso como um problema de carência de cálcio. O cálcio é um mineral necessário para a formação de ossos e dentes, para a coagulação sanguínea e para a contração dos músculos.

Eugena-klykova/Shutterstock/Glow Images

Na época das Grandes Navegações, o escorbuto afligia os navegadores. Alguns sintomas do "mal dos mares" eram gengivas com sangramento, problemas na cicatrização de feridas, perda dos dentes. Mais tarde, descobriu-se que tudo era em decorrência da falta de vitamina C na dieta dos marinheiros, que era muito pobre em vegetais.

Leemage/UIG/Getty Images

3 Veja o cartaz que as crianças começaram a fazer ao analisarem as informações nutricionais nas embalagens dos alimentos.

Análise nutricional dos alimentos

Ilustrações: Hagaquezart Estúdio /Arquivo da editora

	Valor médio por 100 mL
Energia	4,7 kcal
Carboidratos	1,1 g
Vitamina C	15 mg

	Composição média por 100 g do produto
Energia	280 kcal
Proteínas	7 g
Gorduras	28 g
Carboidratos	1 g

	100 g contêm em média
Energia	376 kcal
Proteínas	1,5 g
Gorduras	1,3 g
Carboidratos	86 g
Vitamina E	10 mg
Cálcio	480 mg
Ferro	7,5 mg

	Composição média por 100 g do produto
Energia	433,7 kcal
Proteínas	9,3 g
Gorduras	13,6 g
Carboidratos	70,9 g

	Composição média por 100 g do produto
Energia	365 kcal
Proteínas	14 g
Gorduras	1 g
Carboidratos	75 g

	100 g contêm em média
Energia	400 kcal
Proteínas	0 g
Gorduras	0 g
Carboidratos	99,2 g
Sais minerais	0,06 a 0,20 g

- Escolha uma das embalagens que você separou para a atividade da página 111. Preencha o quadro ao lado, indicando as informações nutricionais desse produto.

Composição média por 100 g ou 100 mL de ______	
Energia	
Proteínas	
Gorduras	
Carboidratos	

4 Agora preencha a tabela abaixo, que começou a ser feita, indicando a quantidade, em média, de cada nutriente em 100 g ou 100 mL de produto.

Tipos de nutriente

Alimentos	Proteínas	Gorduras	Carboidratos	Vitaminas	Minerais
Flocos de milho	7 g	0 g	81 g	52,5 mg	756,67 mg
Biscoito integral					
Macarrão					
Requeijão					
Suco de goiaba					
Açúcar					
Achocolatado					

Hagaquezart Estúdio/Arquivo da editora

5 Forme uma dupla com um colega. Analisem os dados da tabela acima. Em seguida, troquem ideias e respondam às dúvidas das crianças.

Por uma alimentação saudável

Vamos conhecer quantas porções de diferentes alimentos são recomendadas por dia.

Você já ouviu falar que alguém só come "besteiras"?

A pirâmide alimentar é uma representação que nos ajuda a tomar consciência do que devemos comer e em quais proporções. Ela sugere que os alimentos na base devem ser consumidos em maior quantidade do que os do topo.

Assim, a base da pirâmide é formada por vegetais ou alimentos de origem vegetal. Aí estão arroz, pães, massas, batata e mandioca. Esses alimentos fornecem principalmente carboidratos (além de vitaminas, minerais e fibras).

Em um nível acima dos cereais estão as chamadas hortaliças (que são os vegetais usados em saladas e refogados) e as frutas. Também são ricas fontes de vitaminas, minerais e fibras.

Carnes, ovos, feijão e as sementes oleaginosas estão um nível acima de hortaliças e frutas na pirâmide alimentar. São ricas fontes de proteínas, minerais e vitaminas do complexo B. Junto com eles estão leite e derivados (como queijo e iogurte), que são uma rica fonte de cálcio.

Os elementos representados nesta imagem não estão na mesma proporção de tamanho.

ifong/Shutterstock/Glow Images

Finalmente, o topo da pirâmide alimentar inclui alimentos ricos em gordura, como óleos, açúcar e doces, que geralmente fornecem muitas calorias e possuem baixo valor nutricional. O recomendado é que gorduras e doces representem uma parte não muito grande da quantidade de calorias que ingerimos.

1 Observe os esquemas e termine de completá-los com base na leitura do texto da página anterior.

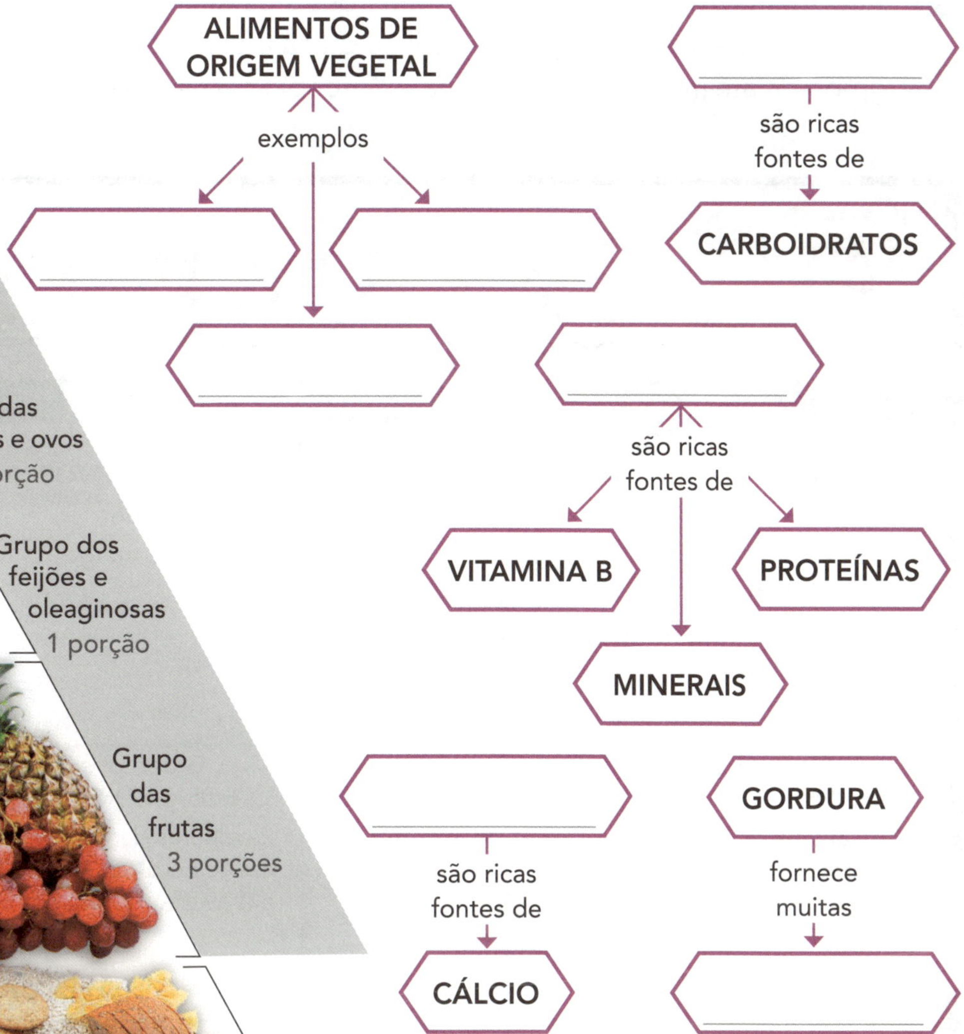

Fonte: PHILIPPI, Sônia. **Pirâmide dos alimentos**: Fundamentos básicos da nutrição. Barueri: Manole, 2008.

2 Analise o que estas crianças dizem e troque ideias com os colegas: Com qual(is) vocês concordam? De qual(is) vocês discordam? Justifique suas respostas.

Ilustrações: Fabio Eugenio/ Arquivo da editora

Assim também aprendo

3 Agora é hora de montar um restaurante que siga as orientações da pirâmide alimentar! Com os colegas organize as carteiras da sala como se fosse um restaurante. Cada grupo de até três alunos irá elaborar o cardápio para ser oferecido aos clientes-colegas.

Wanwisspaul/Shutterstock
Natalia Zelenina/Shutterstock
Lady_Gina/Shutterstock

A que corresponde uma porção*?			
Grupo do ARROZ, PÃO, MASSA, BATATA e MANDIOCA • 1 fatia de pão de forma • 1 pão francês • ½ xícara de arroz cozido ou macarrão	Grupo das FRUTAS • 1 laranja • 1 maçã • 1 banana • ½ xícara de fruta picada • ½ xícara de suco de fruta	Grupo das CARNES e OVOS • 1 bife pequeno • ½ peito de frango • 1 ovo	Grupo dos FEIJÕES e OLEAGINOSAS • ½ xícara de feijão cozido • 2 colheres de sopa de soja cozida • 12 unidades de amendoim • 8 unidades de pinhão cozido
Grupo dos LEGUMES e VERDURAS • 1 xícara de verduras folhosas (alface, couve, espinafre, etc.) • ½ xícara de verduras ou legumes picados e cozidos	Grupo do LEITE e DERIVADOS • 1 copo de leite integral • 3 fatias de queijo fresco • 3 colheres de sopa de requeijão	Grupo dos ÓLEOS e GORDURAS • 2 colheres de chá de azeite de oliva extravirgem	Grupo dos AÇÚCARES e DOCES • 6 colheres de chá de açúcar • 20 g de chocolate ao leite

*Uma porção equivale a uma das opções apresentadas.

a) Antes de tudo, analise a que corresponde uma porção de cada alimento.

b) Depois, junto com um colega e seguindo as orientações da pirâmide alimentar, monte sua sugestão de cardápio para um dia.

Acervo do autor/Arquivo da editora

VAMOS VER DE NOVO?

Neste capítulo você aprendeu que:

- Na embalagem dos alimentos há indicações dos nutrientes que estes contêm e do quanto de energia fornecem.
- Alguns exemplos de nutrientes são carboidratos, proteínas, gorduras, minerais e vitaminas.
- Para termos uma dieta saudável podemos seguir as orientações da pirâmide alimentar.
- Vegetais estão na base da pirâmide alimentar: eles devem ser o tipo de alimento que devemos consumir em maior quantidade em nossa dieta.
- Doces e óleos possuem alto teor de gordura e baixo valor de outros nutrientes. Estão no topo da pirâmide alimentar: eles devem ser consumidos eventualmente e em pequenas quantidades.

Ilustrações: Quanta Estúdio/Arquivo da editora

1 Analise as frases abaixo e indique se elas correspondem (**C**) ou se não correspondem (**NC**) às informações sobre a pirâmide alimentar apresentada no capítulo. No caderno, corrija as frases que não correspondem.

Fábio Eugenio/Arquivo da editora

2 Compare as informações nutricionais dos alimentos e responda: Qual das bebidas pode ser considerada a mais calórica?

Hagaquezart Estúdio/Arquivo da editora

	Valor médio por 100 mL
Energia	4,7 kcal
Carboidratos	1,1 g
Vitamina C	15 mg

Hagaquezart Estúdio/Arquivo da editora

	350 mL contêm, em média
Energia	166 kcal
Proteínas	0 g
Gorduras	0 g
Carboidratos	43 g
Sais minerais	32 mg

3 Observe o que o menino costuma comer ao longo do dia e responda: Os alimentos mencionados por ele compõem uma dieta saudável?

Fabio Eugenio/Arquivo da editora

Capítulo 9

Nosso estilo de vida, nossa saúde

Fernando Favoretto/Criar Imagens

Você leva uma vida saudável?

Neste capítulo vamos reconhecer hábitos que não nos fazem muito bem e que podem gerar obesidade. Também vamos identificar hábitos promotores de saúde.

Para iniciar

- No caderno faça duas listas: uma de "hábitos que prejudicam a nossa saúde" e outra de "hábitos que promovem a nossa saúde".
- Converse com os colegas sobre os hábitos mencionados no item anterior. O que vocês poderiam fazer para melhorar os próprios hábitos alimentares?
- Em sua opinião, situações difíceis e desagradáveis podem fazer mal para a saúde? Como você reage quando enfrenta situações assim?

Atividade prática

Vamos ter uma ideia da medida da cintura da maioria da turma?

Como fazer

1. Organizem-se dividindo as tarefas: quem fará as medições e quem fará as anotações.

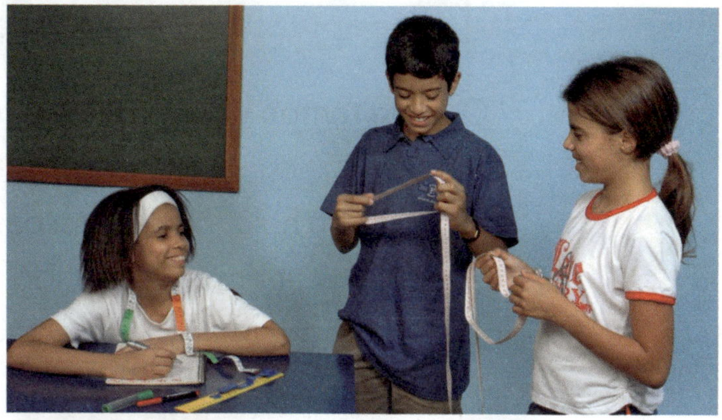

Fotos: Eduardo Santaliestra/Arquivo da editora

2. Comecem a fazer as medições das cinturas dos colegas, mais ou menos na altura em que está o umbigo.

3. Os dados obtidos podem ser registrados em uma tabela.

4. Façam um gráfico: No eixo "X" indiquem o tamanho da cintura em "intervalos". Por exemplo: de 40 cm a 49 cm; de 50 cm a 59 cm, etc.; no eixo "Y" indiquem a quantidade de alunos cuja medida da cintura está dentro de cada intervalo.

Lanchinho + telinha = ?

Vamos conhecer um fato alarmante: hoje em dia a população é mais obesa do que no passado.

Quanto tempo você passa em frente à telinha?

Monkey Business Images/Shutterstock

Muitas vezes, o uso de *tablets* e celulares pode nos deixar sedentários, pois ficamos parados e exercitamos pouco o corpo.

Nos dias de hoje muitas pessoas têm o hábito de ficar horas assistindo à TV, jogando *videogames* ou conectadas à internet por meio de celulares ou *tablets*. São atividades sedentárias, isto é, que exigem pouco das capacidades físicas do nosso corpo e que requerem baixo gasto energético. Essa pouca atividade física, associada a uma alimentação rica em açúcares e gordura, pode ser um caminho para a obesidade.

A obesidade pode ser entendida como o acúmulo excessivo de gordura no organismo. Um dos sinais da obesidade pode ser o aumento do peso corporal e o aumento da medida da cintura.

Hoje em dia temos evidências de que uma parcela importante da população, inclusive crianças, é mais obesa do que no passado.

Como a obesidade pode se relacionar ao aumento de risco para uma série de problemas de saúde, é importante parar e pensar: Será que estamos tendo um estilo de vida saudável? Do que temos nos alimentado? Será que passamos tempo demais em frente à telinha, e tempo de menos em atividades que exigem mais de nosso corpo?

Oliveromg/Shutterstock

Nas brincadeiras, além de exercitar o corpo, aumentamos a nossa interação com as outras pessoas.

Por isso, reflita e reavalie os seus hábitos. Afinal, você é bastante novo e é importante ter saúde para gozar os muitos anos de vida que ainda tem pela frente.

1 Observe o que as crianças estão fazendo nas imagens da página anterior. Discuta com um colega: Que atividades podem favorecer a obesidade? Você tem ou não o hábito de fazer essas atividades?

2 Analise os gráficos abaixo. Depois, termine de escrever o relatório que alguns alunos que estudaram o tema "obesidade na população" começaram a produzir.

Obesidade na população

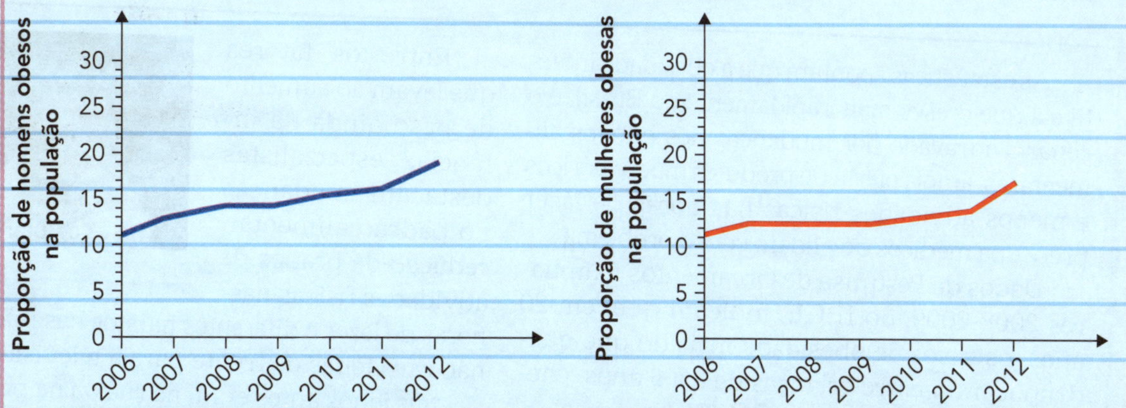

Gráficos elaborados pelo autor com base em: MALTA, D. et al. Evolução anual da prevalência de excesso de peso e obesidade em adultos nas capitais dos 26 estados brasileiros e no Distrito Federal entre 2006 e 2012. **Rev. Bras. Epidemiol. Suppl. PeNSE 2014.** Disponível em: <http://www.scielo.br/pdf/rbepid/v17s1/pt_1415-790X-rbepid-17-s1-00267.pdf>. Acesso em: fev. 2017.

Problema: As pessoas estão ficando mais obesas nas últimas décadas?

O que fizemos: Fizemos uma pesquisa sobre o tema e constatamos que existem vários critérios para avaliar se uma pessoa está obesa. A medida da cintura pode ser um deles. Compilamos os dados da população brasileira com obesidade, entre os anos de 2006 e 2012.

O que observamos: Os dados obtidos são apresentados nos gráficos acima. Podemos ver que a proporção de pessoas com obesidade na população em 2006 era de cerca de ______ entre os homens e de ______ entre as mulheres. Por outro lado, em 2012 esses valores passaram para cerca de ______ entre os homens e ______ entre as mulheres.

O que concluímos: A análise dos dados nos permite dizer que a proporção de pessoas com obesidade na população brasileira ______________________________.

3 Explore o cartaz que um grupo de alunos fez sobre o tema "obesidade".

A sociedade e a obesidade: Ritmo de aumento da obesidade infantil no Brasil preocupa médicos

Dados indicam que casos entre crianças de 5 a 9 anos se multiplicaram nas últimas décadas

As estatísticas apontam que a obesidade infantil é a que cresce mais rapidamente no Brasil, e o cenário agravado por mudanças nos hábitos alimentares, ampla oferta de produtos hipercalóricos e menos atividades físicas nas horas de lazer preocupa médicos que lidam com o problema.

Dados da Pesquisa de Orçamentos Familiares 2008-2009, do IBGE, indicam que, em 20 anos, os casos de obesidade mais do que quadruplicaram entre crianças de 5 a 9 anos, chegando a 16,6% (meninos) e 11,8% (meninas).

"É de chorar como está **vertiginoso** o aumento, como o ritmo está maior", diz a nutricionista Inês Rugani, professora da Uerj e sanitarista do Instituto de Nutrição Annes Dias. "A obesidade vem aumentando faz tempo entre os adultos, mas não era observada na infância dessa forma."

"Tratamos a obesidade infantil como uma epidemia pelo ritmo vertiginoso de aumento que está tendo no mundo, e o Brasil está acompanhando esse fenômeno", diz Rugani. [...]

[...]

vertiginoso: que ocorre rapidamente, muito intenso.

Kenishirotie/Shutterstock/Glow Images

Entre os fatores que levam ao aumento de peso ainda na infância, especialistas destacam mudanças no padrão alimentar, redução da prática de atividades físicas nas horas de lazer e diferentes hábitos nas refeições – não raro feitas de frente para a televisão.

"Os jogos antes eram na rua ou na pracinha, as crianças gastavam energia", diz o endocrinologista pediatra Paulo Solberg. "Hoje, as brincadeiras são no *videogame*."

"A noção de que elas têm que fazer atividade física é nova, porque antigamente elas faziam naturalmente", acrescenta. "Isso tem que ser passado para os pais e filhos."

G1. Disponível em: <http://g1.globo.com/mundo/noticia/2011/08/ritmo-de-aumento-da-obesidade-infantil-no-brasil-preocupa-medicos.html>. (Adaptado.) Acesso em: jan. 2017.

a) Após a leitura do texto de jornal, responda: Qual era a proporção de crianças obesas no Brasil há cerca de vinte anos? Por que há mais crianças obesas hoje?

Hagaquezart Estúdio/Arquivo da editora

Calvin & Hobbes, Bill Watterson © 1986 Wetterson/Dist. by Universal Uclick

b) Converse com os colegas: Nos quadrinhos, as "máquinas que passam a controlar os humanos" podem ser comparadas a que invenções de verdade?

Em sua opinião, Calvin é ou não controlado por alguma máquina?

c) MURAL DA TURMA Agora é sua vez! Com um grupo de colegas, elabore um cartaz sobre o tema "obesidade", dando dicas para evitá-la.

Por um estilo de vida saudável

Vamos reconhecer hábitos saudáveis e explorar a relação entre bom humor e saúde.

Você sabe como podemos definir "saúde"? Entre várias possibilidades, podemos dizer que saúde é o completo estado de bem-estar físico, mental e social. Essa definição nos leva a pensar em pelo menos duas coisas:

- uma é que saúde não é somente a ausência de doença;
- a outra é que, para sermos saudáveis, não basta apenas praticar atividades físicas com regularidade.

Por exemplo, considere uma pessoa que dorme pouco, come muitos alimentos gordurosos, vive isolada, sem amigos e raramente tem momentos de lazer. Mesmo sem estar doente, ainda que faça atividades físicas regularmente, essa pessoa não pode ser considerada saudável no sentido completo da palavra.

Por isso se diz que para melhorar a qualidade de vida é necessário adotar um estilo de vida promotor de saúde. E você sabe como é esse estilo de vida?

Algumas características de um estilo de vida que promove a saúde são:

1. ter uma boa alimentação;
2. praticar atividades físicas com regularidade;
3. achar a medida certa para praticar esportes, dormir, estudar e ter momentos de lazer;
4. ter amigos e não viver isolado;
5. ser otimista e encarar positivamente os fatos da vida.

Fique de olho nisso e reavalie seus hábitos: Você já tem um estilo de vida promotor de saúde? O que pode mudar no seu dia a dia para você se tornar mais saudável?

Jessie Jean/Getty Images

Ter amigos e praticar atividades de lazer são hábitos que contribuem para o nosso bem-estar.

1 As crianças começaram a conversar sobre o texto que leram. Indique quais falas correspondem (**C**) e quais não correspondem (**NC**) às afirmações feitas no texto da página anterior.

Ilustrações: Fabio Eugenio/Arquivo da editora

2 Ajude um aluno a terminar o desenho que começou a fazer para resumir parte do texto, escrevendo a legenda de cada figura. Depois, no caderno, faça um desenho para ilustrar as cinco características de um estilo de vida promotor de saúde indicadas no texto.

Hagaquezart Estúdio/Arquivo da editora

3 Troque ideias com os colegas e responda às questões apresentadas nas laterais da ilustração: Qual é a sua reação diante de um acontecimento indesejado, como perder uma condução, por exemplo?

Fabio Eugenio/Arquivo da editora

4 A tabela abaixo mostra as atividades semanais de uma criança. Essas atividades são compatíveis com um estilo de vida promotor da saúde? Explique.

Meu horário semanal

Atividades	2ª-feira	3ª-feira	4ª-feira	5ª-feira	6ª-feira
Na escola	13 h às 17 h	13 h às 17 h	13 h às 17 h	13 h às 17 h	13 h às 17 h
Estudo em casa	8 h às 9 h	9 h às 10 h	8 h às 9 h	9 h às 10 h	8 h às 9 h
Brincar com os amigos	10 h 30 às 11 h 10	10 h 30 às 11 h 10	10 h 30 às 11 h 10	10 h 30 às 11 h 10	10 h 30 às 11 h 10
Assistir à TV ou jogar *videogame*	20 h às 21 h	20 h às 21 h	20 h às 21 h	20 h às 21 h	20 h às 21 h
Praticar esportes	9 h às 10 h	–	9 h às 10 h	–	9 h às 10 h
Dormir	22 h às 7 h	22 h às 7 h	22 h às 7 h	22 h às 7 h	22 h às 7 h

5 Leia o texto abaixo e, em seguida, faça o que se pede.

http://azulpsicologia.com.br

SUA SAÚDE

e-mail

educação | esporte | saúde | cultura | política | lazer | planeta | opinião

Alimentar-se equilibradamente, evitar carnes vermelhas e gordurosas, praticar exercícios físicos regularmente, dormir número satisfatório de horas, ter a vida regrada, não cometer exageros e excessos podem contribuir para que você viva mais. Mas nem sempre, melhor. Viver mais não significa viver melhor.

Há alguns anos, afirmar que existia uma vinculação direta entre o humor e a boa saúde era quase uma **heresia** para a ciência. Hoje em dia, se estuda muito a importância do bom humor, dos bons sentimentos e da afetividade sadia na qualidade de vida e na saúde global da pessoa.

Mas, quando se fala em risos e risadas, não estamos falando da pessoa que conta anedotas, que ri à toa. O bom humor, na realidade, diz respeito a rir-se das coisas em geral, dos pequenos problemas do dia a dia, das chateações, das brigas e, até mesmo, dos tempos difíceis pelos quais passamos.

Trata-se, portanto, de levar a vida de forma mais leve, mesmo diante de um trabalho mais sério. Trata-se de rir mais e com maior frequência do que de costume.

BALLONE, G. J. O impacto do (bom) humor sobre o estresse e a saúde. **Azul Psicologia e Saúde**. Disponível em: <http://azulpsicologia.com.br/bom-humor-e-a-saude/>. (Adaptado.) Acesso em: fev. 2017.

heresia: ideia, prática ou teoria contrária a qualquer doutrina estabelecida.

- Qual(is) das crianças está(ão) afirmando algo compatível com as ideias do texto? Explique sua resposta.

Fabio Eugenio/Arquivo da editora

VAMOS VER DE NOVO?

Neste capítulo você aprendeu que:

- Nossa saúde é influenciada pelo nosso estilo de vida e pelo contexto social em que vivemos.
- Hábitos alimentares inadequados e sedentarismo podem acarretar obesidade.
- Hoje em dia a população é mais obesa do que no passado.
- A obesidade está associada ao aumento do risco para vários problemas de saúde.
- Nosso estilo de vida é determinado por nossos hábitos.
- Alguns hábitos promotores de saúde estão relacionados a alimentação, atividade física, organização de tempo para trabalho, descanso e lazer, manutenção de amizades e uma atitude mental positiva.

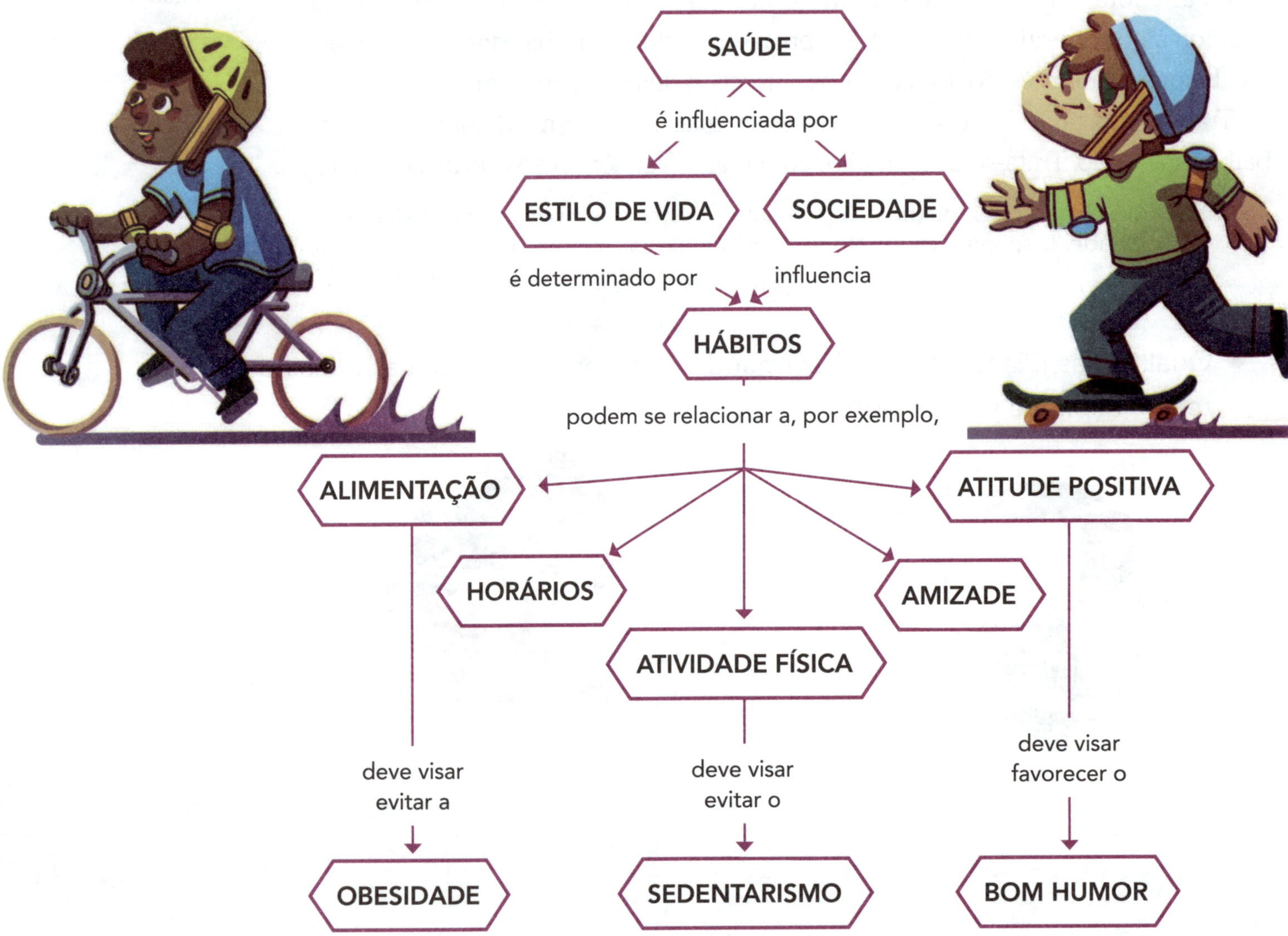

Ilustrações: Quanta Estúdio/Arquivo da editora

1 Ajude a escrever o **Enciclopédia digital das crianças**, explicando os termos abaixo.

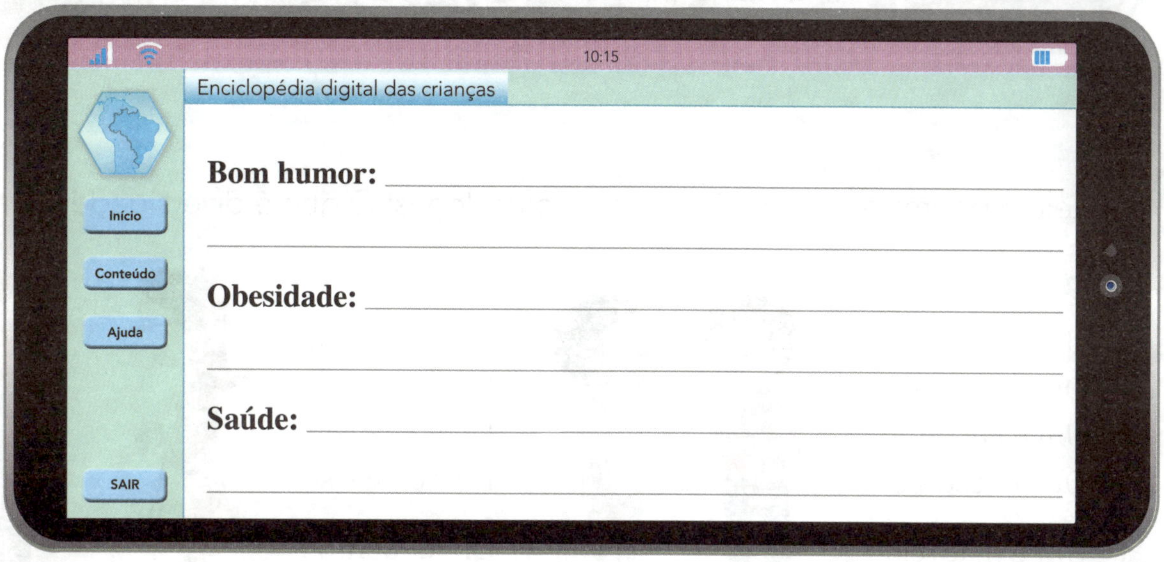

Banco de imagens/Arquivo da editora

2 Analise o que as pessoas disseram. Depois, troque ideias com os colegas e responda: Quais dessas pessoas devem ter um estilo de vida promotor de saúde?

Fotostorm/iStockphoto/Getty Images

Wavebreakmedia/Shutterstock

Happy Together/Shutterstock

AfricaImages/E+/Getty Images

3 Agora é hora de você refletir e se posicionar: Você tem um estilo de vida saudável? Escreva um texto, no caderno, justificando sua resposta.

Quanta Estúdio/Arquivo da editora

TECENDO SABERES

1 Leia o poema abaixo e discuta com os colegas: O que é diversidade?

Diversidade

Um é feioso
Outro é bonito
Um é certinho
Outro, esquisito

Um é magrelo
Outro é gordinho
Um é castanho
Outro é ruivinho

Um é tranquilo
Outro é nervoso
Um é birrento
Outro é dengoso

Um, preguiçoso
Outro, animado
Um é falante
Outro é calado

[...]

De pele clara
De pele escura
Um, fala branda
O outro, dura

Olho redondo
Olho puxado
Nariz pontudo
Ou arrebitado

Cabelo crespo
Cabelo liso
Dente de leite
Dente de siso

Um é menino
Outro é menina
(pode ser grande
ou pequenina)

Um é bem jovem
Outro, de idade
Nada é defeito
Nem qualidade

Tudo é humano,
Bem diferente
Assim, assado
Todos são gente

Cada um na sua
E não faz mal
Di-ver-si-da-de
É que é legal!

Vamos, venhamos
Isto é um fato:
Tudo igualzinho
Ai, como é chato!

BELINKY, Tatiana. **Diversidade**.
São Paulo: Quinteto Editorial, 1999. (Adaptado.)

Ilustrações: Hagaquezart Estúdio/Arquivo da editora

Discuta com os colegas:
Você concorda com as ideias da autora do poema acima?

2 Complete a cruzadinha com os termos usados no poema da página anterior.

1. Antônimo de nervoso.

2. Antônimo de feio.

3. Antônimo de calado.

4. Antônimo de clara.

5. Antônimo de crespo.

6. Antônimo de defeito.

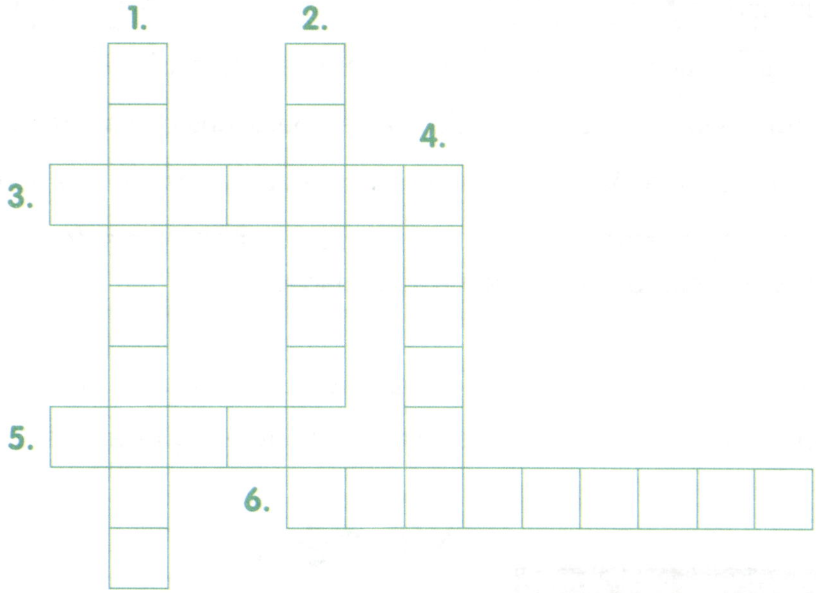

3 Faça as contas, resolva os enigmas matemáticos e escreva as respostas:

a) Se cada estrofe tem quatro versos, e são apresentadas 12 estrofes, quantos versos foram apresentados no total?

____

b) Nove estrofes do texto colocam palavras antônimas. Se cada uma dessas estrofes coloca um par de palavras antônimas, quantas palavras antônimas são citadas no texto?

____

4 Observe as imagens de crianças de aproximadamente 11 anos. Compare-as usando antônimos.

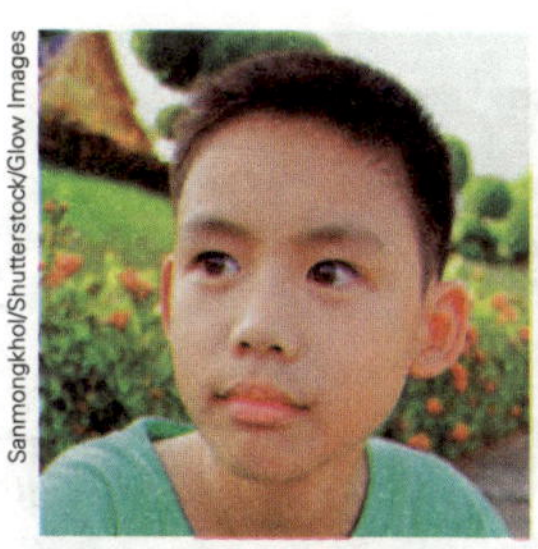

Sanmongkhol/Shutterstock/Glow Images

João Prudente/Pulsar Imagens

____

____

____

____

O QUE ESTUDAMOS

Nesta unidade:

- Discutimos as transformações que ocorrem na adolescência.
- Analisamos as informações contidas nas embalagens dos alimentos.
- Estabelecemos relações entre hábitos, nossas atitudes e nossa saúde.
- Discutimos as transformações que o corpo humano vem sofrendo em função das mudanças que estão ocorrendo na sociedade.

Observe as imagens e relembre o que você estudou. Depois, discuta com os colegas e com o professor: O que você aprendeu que antes não sabia?

Registre suas ideias no caderno.

Você...

Reprodução/The Norman Rockwell Museum, Stockbridge, EUA.
Moldura: denispro/Shutterstock

... conheceu as mudanças que ocorrem na adolescência.

Hagaquezart Estúdio/Arquivo da editora

... estudou como o contexto em que vivemos influencia a imagem do corpo "ideal".

Fernando Favoretto/Criar Imagem

... analisou as informações nutricionais das embalagens de alimentos.

ifong/Shutterstock/Glow Images

... aprendeu quais são as orientações da pirâmide alimentar.

Monkey Business Images/Shutterstock

... explorou o tema do aumento da obesidade na população.

Wavebreakmedia/Shutterstock

... conheceu hábitos que promovem um estilo de vida mais saudável.

Folheie as páginas anteriores e reflita sobre valores, atitudes e o que você sentiu e aprendeu nesta unidade.

- Você já se olhou no espelho e pensou em ter um corpo diferente? Como você se sentiu nessa situação?
- Como você tem cuidado da sua alimentação ultimamente? Você começou a seguir alguma das orientações da pirâmide alimentar?
- O que você tem feito no seu dia a dia para ter um estilo de vida promotor de saúde?
- Atualmente, você se considera uma pessoa saudável?

Unidade

4

Admirável mundo novo

Rubens Gomes/Arquivo da editora

- Que invenções você pode identificar na imagem?
- Sobre essas invenções, o que elas trouxeram de positivo para a humanidade? E de negativo? Troque ideias com os colegas.
- Imagine como será o dia a dia das pessoas daqui a alguns anos. Com que fontes de energia funcionarão as invenções que elas usarão?

Capítulo 10

Os dois "lados" das invenções

Quanta Estúdio/Arquivo da editora

Que materiais e invenções você usa no dia a dia?

Neste capítulo vamos explorar materiais criados pelo ser humano e o tema invenções: Qual é o lado positivo e qual é o lado negativo de algumas delas?

Para iniciar

- No caderno, faça uma lista dos materiais e invenções que você observa à sua volta. Compare sua lista com a de um colega.
- Troque ideias com os colegas: Existe alguma invenção sem a qual o seu dia a dia se tornaria mais difícil? Há alguma invenção que afeta a sua vida de forma negativa?
- Você já viu postos de coleta para o descarte de produtos eletroeletrônicos sem uso? E para descartar objetos de plástico? E o que fazer com o óleo de cozinha?

Atividade prática

O que acontece se você descartar o óleo de cozinha de sua casa junto com a água? Faça a atividade a seguir e verifique.

Material
- Água
- Copos transparentes
- Detergente
- Óleo de cozinha
- Sal de cozinha
- Tinta guache
- Vinagre

Como fazer

1. Coloque um pouco de água em vários copos, todos transparentes.

Fotos: Sérgio Dotta Jr./Arquivo da editora

2. Em cada copo despeje diferentes materiais e substâncias: óleo, vinagre, sal, detergente e tinta guache, por exemplo.

Troque ideias com o professor e os colegas: Onde podemos descartar o óleo de cozinha usado?

3. Agite cada mistura com uma colher e espere alguns segundos.
4. Verifique o que aconteceu: Em que casos você consegue identificar visualmente o que foi misturado à água?

Invenções e materiais no dia a dia

Vamos conversar sobre alguns materiais e suas propriedades.

Pare um instante e observe ao seu redor: Quantas invenções você encontra?

Nós humanos somos inventivos. O papel em que você escreve, a tinta e a impressora, as palavras e a representação delas pela escrita, tudo isso são invenções.

E o que motiva as pessoas a inventar? A resposta talvez seja a necessidade: de abrigo, de saúde, de comida, de comunicação, entre outras coisas.

Em sua casa e na escola há muitos materiais que foram inventados e aperfeiçoados para atender a diferentes necessidades, como o concreto, o plástico PET das garrafas e o porcelanato nos pisos.

Alguns materiais são mais resistentes ao impacto: os pisos de porcelanato, por exemplo, têm maior **tenacidade** do que os pisos cerâmicos.

tenacidade: resistência.

Outros materiais são mais flexíveis: uma vara de bambu pode voltar ao formato original, mesmo após ser levemente curvada.

Há materiais que não conduzem muito bem nem o calor nem a eletricidade. Eles são considerados isolantes. Alguns exemplos: o isopor, as borrachas e as madeiras.

É interessante pensar que nossas necessidades e o desejo de inventar parecem nunca ter fim! Por exemplo, se a tinta a óleo que inventamos mancha uma roupa, então pensamos em inventar outra que se misture com água e seja facilmente removida: a tinta guache é assim.

E, usando nossa criatividade, podemos ainda combinar diferentes materiais. Uma panela, por exemplo, tem materiais bons condutores de calor (como o alumínio) na parte usada para cozinhar e materiais isolantes (como plástico ou madeira) nas partes que seguramos com as mãos!

Vidros permitem boa passagem de luz em razão da sua transparência.

Quanta Estúdio/Arquivo da editora

Sugestões de...

Livros

Aprendiz de inventor. João Carrascoza. São Paulo: Ática, 2010.

As grandes invenções da humanidade. Michel Rival. São Paulo: Larousse, 2010.

Como fazíamos sem... Bárbara Soalheiro. São Paulo: Panda Books, 2006.

1 No caderno, faça um quadro como o do modelo abaixo. Preencha-o sintetizando informações do texto da página anterior e das legendas da imagem.

Materiais no dia a dia

Nome do material	Propriedades do material

Desafio

2 Agora explore sua sala de aula: De que materiais são feitos os objetos ao seu redor? E quais são as propriedades desses materiais?

Converse com os colegas: Como seria nosso dia a dia sem essas invenções?

As latinhas são feitas de alumínio, um material maleável, bom condutor e reciclável. O alumínio de objetos descartados pode ser reaproveitado.

O concreto é um material bem resistente. Apesar de parecer uma rocha compacta, é moldável enquanto está secando.

Pilhas e baterias podem conter materiais tóxicos para os seres vivos. Por isso, não devem ser descartadas no lixo comum.

Os porcelanatos modernos são mais resistentes ao impacto do que as cerâmicas antigas.

A tinta guache se mistura facilmente à água.

As garrafas feitas com PET são transparentes e não quebram facilmente. Elas também voltam ao formato anterior depois de levemente amassadas.

3 Faça como estas crianças: compare diferentes materiais e produtos que usamos no dia a dia. Depois termine os relatórios que começaram a ser feitos.

Teste da solubilidade

Problema: Conseguimos remover tinta acrílica usando água?

O que fizemos: Separamos uma amostra de tinta acrílica. Depois, despejamos quantidades iguais dessa tinta: parte em um pote com água, parte em um pote com óleo.

O que observamos: ______________________________

____

____

O que concluímos: ______________________________

____

____

Teste da tenacidade

Problema: Que material tem mais chance de quebrar após uma queda: a cerâmica ou o porcelanato?

O que fizemos: Primeiro, o professor separou pedaços pequenos e com o mesmo tamanho de cerâmica e de porcelanato. Esses pedaços foram nossas amostras para análise. Depois, soltamos os pedaços de cerâmica e de porcelanato de uma mesma altura.

O que observamos: De maneira geral, ______________________________

____

____

O que concluímos: ______________________________

____

____

Atenção !

Não faça este teste sem a supervisão de um adulto. Use luvas resistentes para manipular os pedaços de porcelana. Solte-os a uma distância segura.

Quanta Estúdio/Arquivo da editora

Teste de flexibilidade e elasticidade

Problema: Borracha e massa de modelar são materiais flexíveis e elásticos?

O que fizemos: Primeiro, com um lápis apertamos um pedaço de massinha de modelar e um pedaço de borracha. Depois, forçamos as extremidades de uma barra de borracha e de uma barra de massinha de modelar, tentando dobrá-las.

O que observamos: ____________________

O que concluímos: ____________________

Teste de condutibilidade

Problema: Que material é melhor condutor de calor: metal, madeira ou plástico?

O que fizemos: Separamos diferentes objetos de metal, de madeira e de plástico, todos compridos. O professor deixou uma parte deles imersa em água aquecida e a outra parte fora.

O que observamos: Depois de um tempo, ____________________.

O que concluímos: ____________________

Atenção !

Não tente aquecer a água sem a ajuda de um adulto.

Invenções: vantagens e desvantagens

Vamos refletir sobre o lado positivo e o lado negativo das invenções.

smartphone: termo em inglês que significa "telefone inteligente". É um celular com suporte para tecnologias avançadas (como tela sensível ao toque, aplicativos e GPS).

Hoje há muitos materiais que não existiam no passado: tecidos impermeáveis, plásticos maleáveis, ligas metálicas leves e resistentes, "supercondutores", entre outros. Também há muitas formas de buscar e lidar com informações: ***smartphone***, computador, internet, etc. E o acesso a certos produtos é tão simples, que é difícil imaginar a vida sem eles: combustíveis, latas de alumínio, eletroeletrônicos, etc.

Mas você já notou que, apesar de haver várias formas de comunicação, cada vez menos encontramos os amigos pessoalmente? E que, apesar dos benefícios dos novos materiais e invenções, produzimos cada vez mais lixo?

Esses são dilemas mais recentes da sociedade. E você já faz parte deles!

Pense bem, quando você ainda era bebê, provavelmente usou muitas fraldas plásticas: práticas e descartáveis. E o destino de todas foi o lixo! Um bebê nascido hoje produz muito mais lixo do que um bebê da época das fraldas de pano! Ou seja, as fraldas de pano podem ser menos práticas, mas são laváveis e reutilizáveis.

Portanto, as vantagens das invenções são só um lado da moeda. Do outro, pode haver aspectos negativos. Preste atenção, principalmente, ao que você consome e ao lixo produzido:

- Prefira produtos reciclados ou usados e, ao comprar algo, pense no lixo que será gerado: Os materiais descartados podem ser reaproveitados?
- Plásticos não se decompõem facilmente. Encaminhe-os para reciclagem.
- Não descarte óleo de cozinha no ralo, pois ele dificulta o tratamento do esgoto e pode entupir os canos. O óleo usado pode ser reciclado.
- Eletroeletrônicos podem conter substâncias tóxicas e não devem ser jogados no lixo comum, pois contaminam o ambiente.

Quanta Estúdio/Arquivo da editora
Graphic-line/Shutterstock

1 Complete o quadro a seguir e cite aspectos positivos e negativos das invenções indicadas. Veja o exemplo.

É hora de debate na turma! Em que época é (ou era) melhor viver: antigamente ou nos dias de hoje? Cite algumas invenções e explique como elas transformam o nosso dia a dia.

Invenção	Aspectos positivos	Aspectos negativos
Televisão	Proporciona lazer e informação.	Substitui momentos de lazer ao ar livre, bem como conversas entre as pessoas.
Fralda descartável		
Telefone celular		

2 Explore agora este outro mural que algumas crianças começaram a fazer para abordar o tema deste capítulo.

Clearviewstock/Shutterstock

Troque ideias com os colegas: As tirinhas evidenciam algum aspecto negativo das invenções modernas?

Invenções: usufruir o lado positivo, encarar o lado negativo

Veja algumas cenas do cotidiano em diferentes épocas.

1

Ilustrações: Giz de Cera/Arquivo da editora

2

3

3 Analise as ilustrações acima e, no caderno, preencha um quadro como o abaixo.

Número da ilustração	Qual(is) invenção(ões) merece(m) destaque?	O que é criticado?

4 Ajude as crianças a terminar o cartaz abaixo: escreva um texto com suas reflexões sobre o lixo produzido pela sociedade atualmente.

De olho no lixo

Na minha opinião, hoje em dia o lixo ______________________________

____

____

____

____

____

____

____

____

studiovin/Shutterstock

Sensibilize para a necessidade de consumo consciente.

Ernesto Reghran/Pulsar Imagens

Alerte sobre a importância do descarte adequado de eletroeletrônicos.

eXpose/Shutterstock

Prefira produtos feitos com materiais reutilizados, reciclados e recicláveis.

5 Com os colegas, façam em uma cartolina um cartaz como o acima. Ilustrem mais exemplos de como diminuir o problema do lixo na sociedade atual. Depois, divulguem o cartaz na escola.

VAMOS VER DE NOVO?

Neste capítulo você aprendeu que:

- O ser humano é inventivo.
- As invenções atendem a diferentes necessidades humanas.
- Diferentes materiais possuem diferentes características de solubilidade, tenacidade, elasticidade e condutibilidade, por exemplo.
- Um conjunto de invenções pode caracterizar determinada época.
- Podemos considerar que as invenções têm aspectos positivos e negativos.

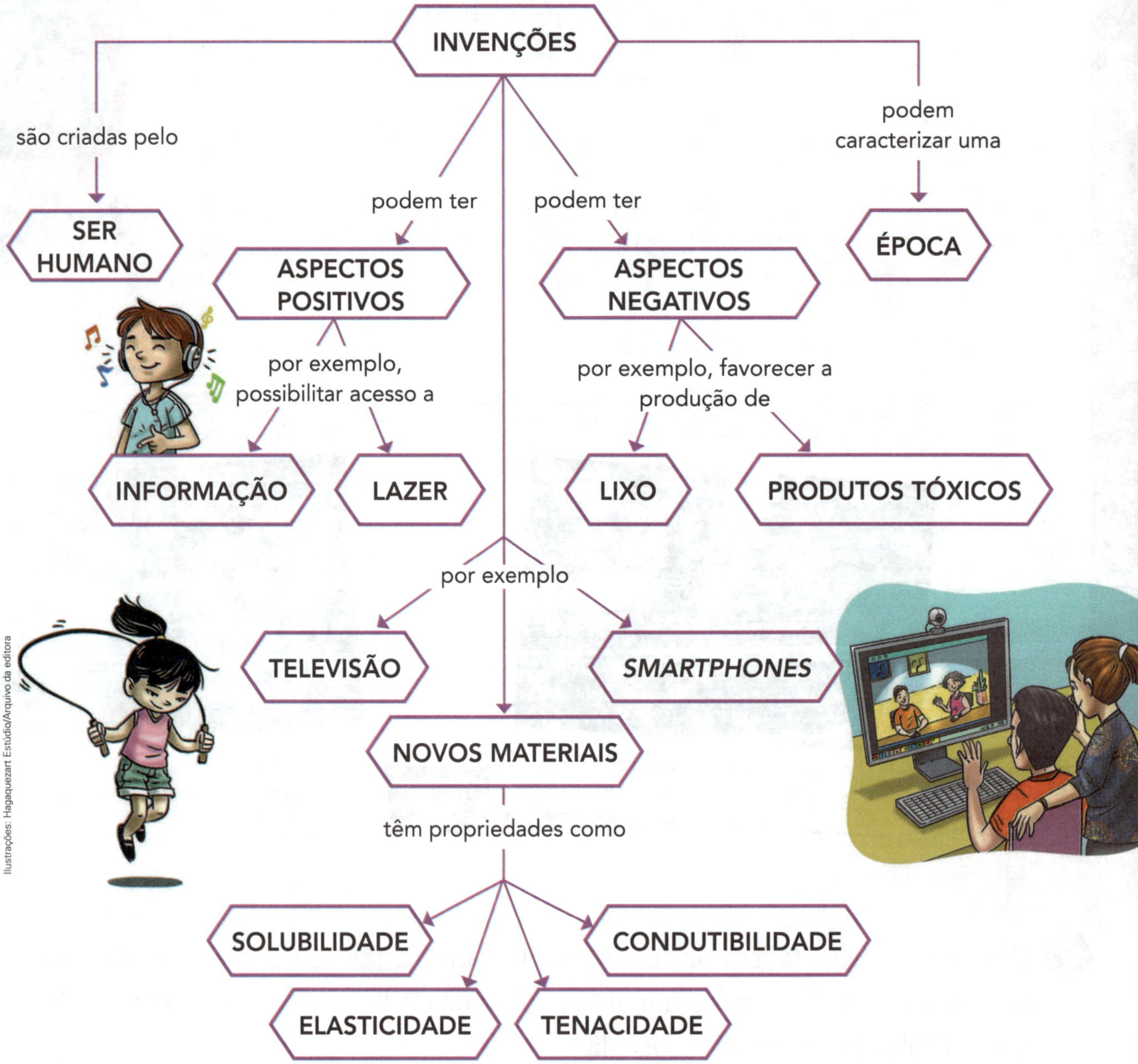

Ilustrações: Hagaquezart Estúdio/Arquivo da editora

1 Esta cruzadinha com o nome de algumas invenções já está resolvida. Crie frases para cada um dos itens, utilizando os termos do banco de palavras. Mas atenção! Você deve respeitar uma regra: em cada frase cite um aspecto positivo e um aspecto negativo da invenção!

Ilustrações: Quanta Estúdio/ Arquivo da editora

Os elementos representados nesta página não estão na mesma proporção de tamanho.

lazer	comunicação	lixo		
poluição	pessoas	informação	isolante	

1. ______________________________

____

2. ______________________________

____

3. ______________________________

____

4. ______________________________

____

5. ______________________________

____

1 FRALDA DESCARTÁVEL

2 COMPUTADOR

3 TELEVISÃO

4 CELULAR

5 ISOPOR

2 Reveja todas as invenções citadas neste capítulo, analise-as e preencha o quadro a seguir:

Aspectos positivos	Aspectos negativos

Capítulo 11

Invenções: o domínio do fogo e da água

Art Konovalov/Shutterstock

Como podemos dominar o fogo e a água?

Neste capítulo vamos estudar a queima e como o ser humano usou as transformações da água nas máquinas a vapor.

Para iniciar

- No caderno, faça duas listas: uma de materiais que você acha que podem queimar e outra de materiais que você acha que não queimam.
- Em situações em que o fogo foge de controle, como em incêndios, o que você acha que os bombeiros podem fazer para controlá-lo?
- O que você sabe sobre máquinas que funcionavam com fogo, como as máquinas a vapor? Como eram? Para que serviam?

Atividade prática

Vamos apagar uma vela sem assoprar ou encostar nela?

Material
• Dois pires pequenos
• Duas velas
• Fósforos
• Um recipiente de vidro (que tenha abertura larga)

Como fazer

1. Forme uma dupla com um colega, e separem os materiais que vão utilizar sobre uma mesa ampla.

Fotos: Eduardo Santaliestra/Arquivo da editora

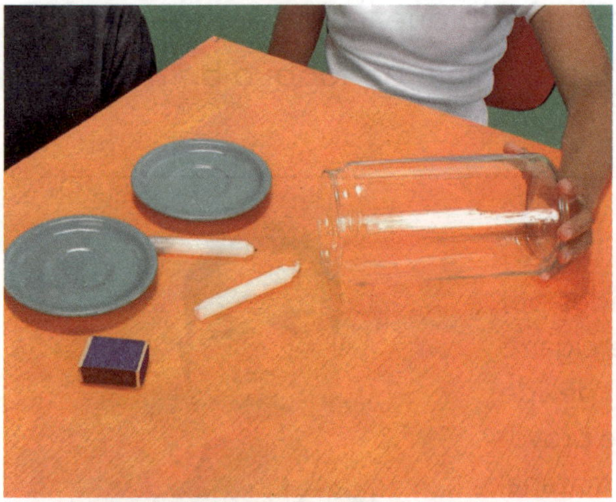

2. Peça a um adulto que acenda as duas velas e fixe cada uma delas sobre um pires.

Atenção !

Somente um adulto deverá manusear o fósforo. Mantenha sempre uma distância segura em relação ao fogo.

3. Cubram uma das velas com o recipiente de vidro.

4. Mantenham a outra vela sobre o pires sem cobri-la e observem qual das velas se apaga mais rapidamente.

O fogo sob controle

Vamos aprender sob quais circunstâncias ocorrem os incêndios e o que é possível fazer para controlá-los ou evitá-los.

Você sabe o que mantém a chama de uma vela acesa?

Na atividade da página anterior você apagou uma vela sem encostar nela ou assoprá-la. Para isso, bastou cobri-la com um recipiente de vidro. Para começar a entender por que isso acontece, nada melhor do que ler uma entrevista feita com um profissional que sabe muito sobre o domínio do fogo: o bombeiro.

Com a palavra...

Por que ocorrem incêndios?

Algumas vezes os incêndios são provocados por descuido: um balão que cai, uma bituca de cigarro jogada no mato seco. Outras vezes, ocorrem devido a causas naturais: um raio, por exemplo, pode provocar um incêndio. Basicamente, se houver um material inflamável e condições para ele pegar fogo, poderá ocorrer um incêndio.

Acervo do autor/Arquivo da editora

Sílvio César Machado é oficial do Corpo de Bombeiros.

O que é um material inflamável?

Material inflamável é aquele que queima, que é combustível para o fogo. Papel, madeira, gasolina, plástico, álcool e gás de cozinha são alguns exemplos. Mas eles não pegam fogo espontaneamente.

Atenção!

193 é o número do telefone do Corpo de Bombeiros em todo o Brasil.

E o que é necessário para um combustível pegar fogo?

Para o combustível entrar em combustão, isto é, para ele queimar, deve haver calor e um comburente. Um exemplo de comburente é o oxigênio presente no ar. O comburente torna possível a existência da chama e intensifica a combustão.

O que um bombeiro deve fazer para controlar um incêndio?

Basicamente, impedir a combustão. Uma maneira é abafar o fogo, impedindo o contato do combustível com o oxigênio. Pode também jogar água para esfriar o material. Pode ainda retirar o combustível, evitando assim a propagação do fogo.

1 Observe as imagens a seguir e complete o quadro classificando os materiais, como no exemplo.

Materiais que queimam	Materiais que não queimam
Carvão	Água

Troque ideias com os colegas e amplie as listas de materiais que queimam e que não queimam, feitas no início do capítulo.

Stockphotos/Latinstock

Stockphotos/Latinstock

Mari Queiroz/Arquivo da editora

ray massey/stone/getty images

Stockphotos/Latinstock

Stockphotos/Latinstock

Os elementos representados nesta página não estão na mesma proporção de tamanho.

2 Ajude a escrever alguns verbetes para a **Enciclopédia digital das crianças**! Explique o significado dos termos abaixo.

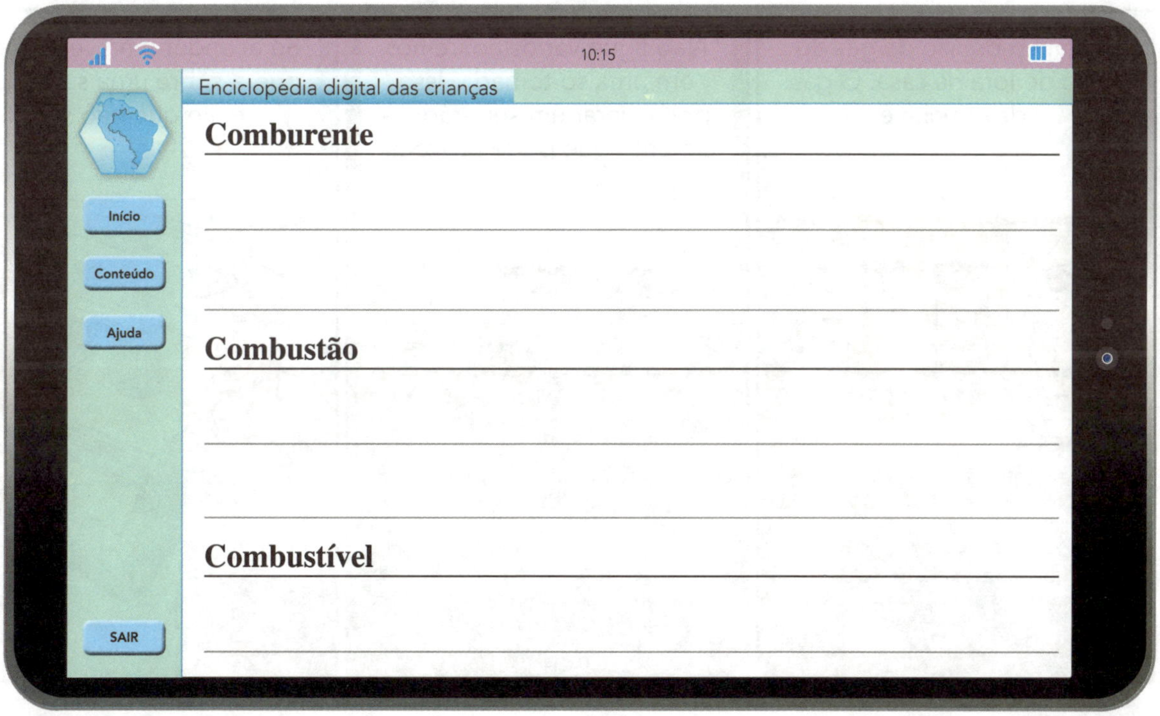

Banco de imagens/Arquivo da editora

3 As fotografias abaixo foram feitas durante ocorrências em que os bombeiros foram chamados. Escreva uma legenda para cada imagem.

No texto das suas legendas, tente responder às questões: O que está sendo feito? Como esse procedimento controla o incêndio?

Alain Le Bot/Opção Brasil Imagens

Pablo Paul/Alamy/Glow Images

› ____________________

› ____________________

4 Veja abaixo algumas dicas para evitar incêndios. Termine de escrever as falas do bombeiro, usando os termos do banco de palavras.

inflamável	combustível	combustão

Hagaquezart Estúdio/Arquivo da editora

5 Ajude um grupo de alunos a terminar o relatório que começaram a fazer durante seus estudos da combustão.

Relatório dos estudos sobre a combustão

Problema:

Como "programar" uma vela para se apagar em um tempo predeterminado?

O que fizemos:

Primeiro, cobrimos diferentes velas com recipientes de vidro de diferentes tamanhos, então medimos ______________________

______________________.

Hagaquezart Estúdio/Arquivo da editora

O que observamos:

Considerando dois recipientes de tamanhos diferentes: a vela coberta com o menor recipiente ______________________.

Conclusão:

Para que a vela se mantenha acesa, é necessário ______________________

______________________.

As velas cobertas se apagam porque ______________________

______________________.

Então, para que uma vela se apague sozinha após certo tempo, podemos ______________________

______________________.

Fogo, água e tecnologia

Vamos explorar os avanços tecnológicos relacionados ao domínio do fogo e da água.

Você sabe para que nossos ancestrais utilizavam o fogo? Provavelmente, para se aquecer, cozinhar, se proteger contra animais e para iluminar seus abrigos.

Só que, no começo do século XVIII, a humanidade começou a utilizar o fogo – e também a água – de maneira diferente. E o mundo começou a mudar radicalmente... Era a época da tecnologia da máquina a vapor!

Entenda isso melhor: em uma máquina a vapor, a água líquida é aquecida em uma **caldeira** e se transforma em vapor, que se desloca com pressão e empurra um pistão. O vapor então é resfriado, se condensa, e o pistão volta à sua posição inicial. Esse movimento de vaivém do pistão se repete continuamente e é transmitido a um eixo giratório, que pode acionar diferentes mecanismos.

caldeira: recipiente metálico usado para aquecer água.

Com a tecnologia do vapor, o ser humano colocou as transformações de estado físico da água a seu serviço. E, assim, promoveu a industrialização, que deu uma guinada na história, mas também trouxe consequências indesejadas:

- À medida que utilizava mais o fogo, o ser humano liberava mais gás carbônico e partículas no ar, ou seja, o ar ficava mais poluído.
- Conforme as indústrias floresciam, os centros urbanos cresciam e ficavam mais populosos. Com isso, mais esgoto sem tratamento era despejado nas águas, poluindo-as.

Hoje em dia temos consciência desses efeitos indesejados. Podemos, portanto, nos comprometer com um pacto para cuidar da água e do ar:

- Evitando as queimadas, que liberam partículas sólidas e elevam o teor de gás carbônico no ar.
- Não jogando substâncias tóxicas que acabam parando na água e no ar.
- Evitando o desperdício de água e tratando os nossos esgotos.

Giz de Cera/Arquivo da editora

1 Analise a imagem que aparece nesta página e na página anterior e preencha o quadro a seguir.

Onde a água está presente	Situações em que ocorre queima	Situações que podem gerar poluição

Indique com uma seta pelo menos uma transformação de estado físico da água.

2 Com os colegas, explore o mural feito por alguns alunos.

Vamos cuidar do ar e da água!

Água e poluição

No caderno, faça um gráfico usando esses dados.

População brasileira × acesso à rede de esgoto	
Sem coleta de esgoto	35,5%
Com coleta, porém sem tratamento	48,4%
Com coleta e tratamento de esgoto	16,1%

Fonte dos dados: Ministério do Meio Ambiente. <www.mma.gov.br/estruturas/secex_consumo/_arquivos/3%20-%20mcs_agua.pdf>. Acesso em: ago. 2017.

Ilustrações: Giz de Cera/Arquivo da editora

Ilustrações: Giz de Cera/Arquivo da editora

3 Troque ideias com os colegas e participe da conversa das crianças, esclarecendo as dúvidas delas.

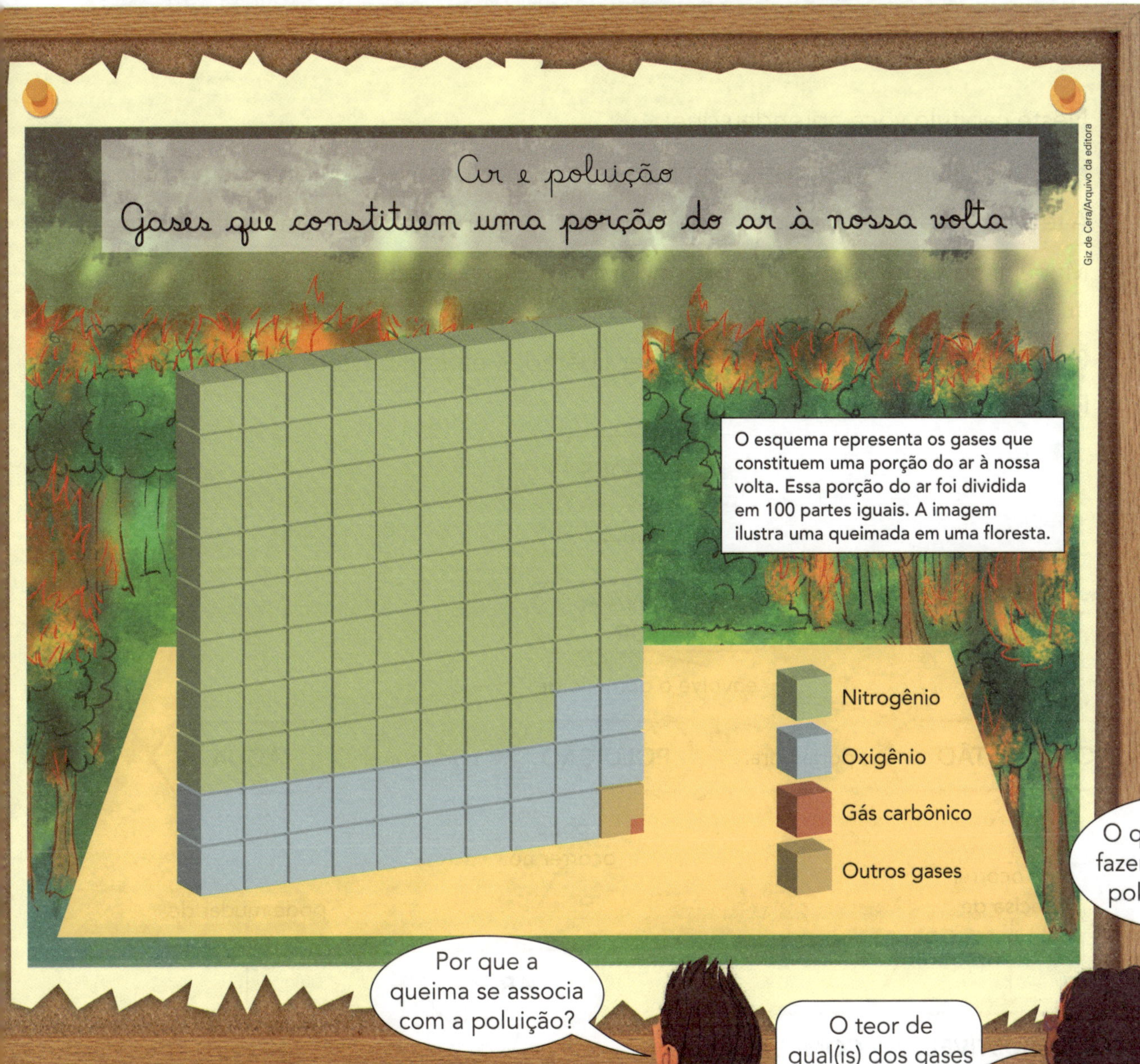

Giz de Cera/Arquivo da editora

Troque ideias com os colegas e participe do debate com essas crianças: escreva no caderno o que você responderia a elas.

Ilustrações: Giz de Cera/ Arquivo da editora

4 Conte no diagrama acima quantos quadradinhos representam cada gás que compõe o ar. Em seguida, termine de preencher a tabela ao lado.

Composição do ar	
Gás	Percentual do ar constituído por esse gás
Nitrogênio	
Oxigênio	
Gás carbônico	0,03%
Outros gases	0,97%

VAMOS VER DE NOVO?

Neste capítulo você aprendeu que:

- Para que ocorra a combustão são necessários: combustível, comburente e calor.
- A tecnologia do vapor envolve o domínio das transformações de estados físicos da água.
- Máquinas a vapor impulsionaram a industrialização do mundo, mas com ela ocorreu um aumento da poluição do ar e da água.
- Gás carbônico e partículas podem ser liberados na combustão, contribuindo com a poluição do ar.

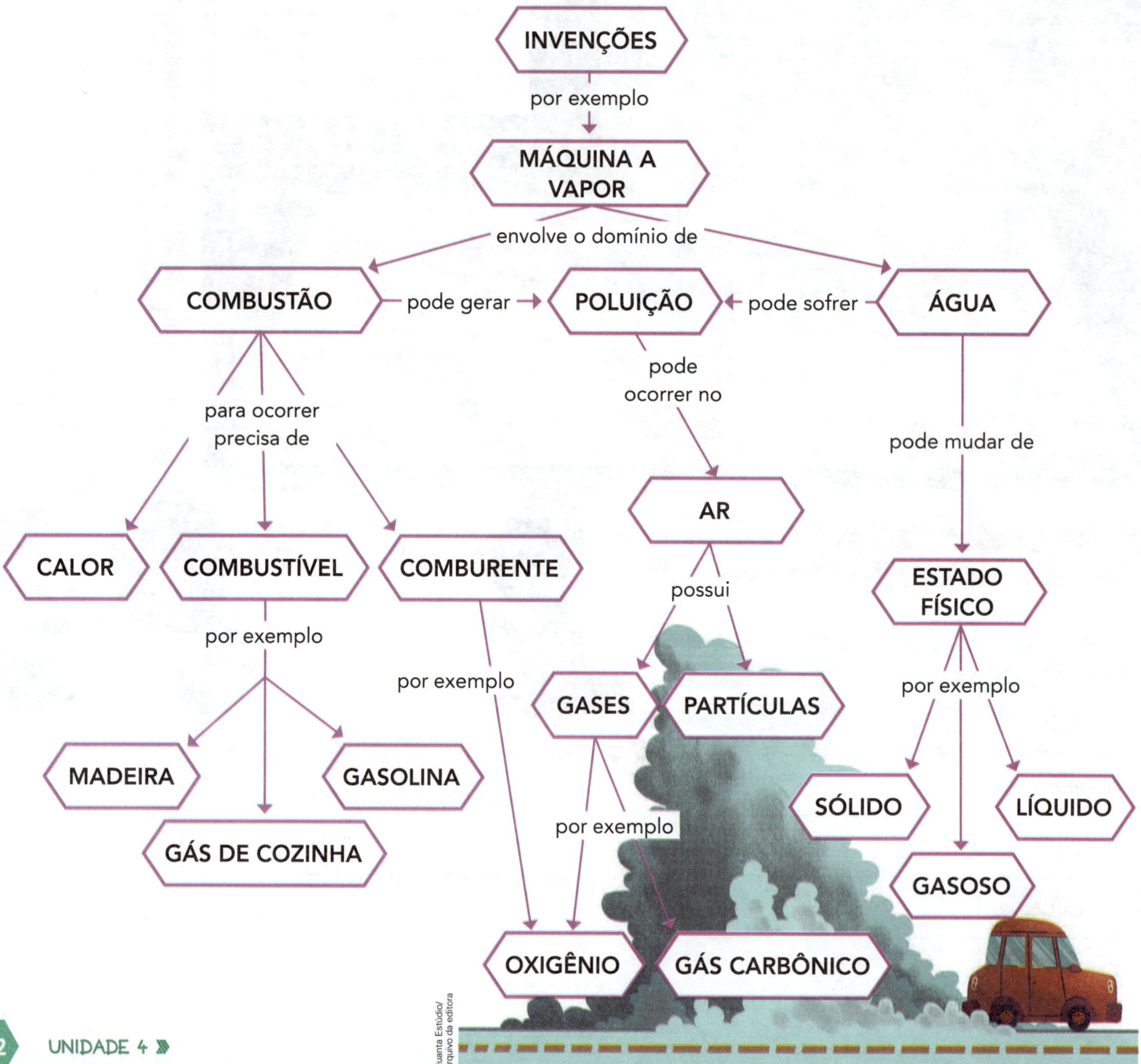

Quanta Estúdio/ Arquivo da editora

1 Escreva frases ou faça esquemas relacionando dois ou mais termos do banco de palavras.

poluição	industrialização	máquina a vapor	água	ar	combustão

Compartilhe suas frases e esquemas com os colegas.

2 A representação ao lado é conhecida como "triângulo do fogo". Com base no que estudou, explique o que você acha que ela significa.

BA_Redaan/Shutterstock

3 Contribua mais uma vez com a **Enciclopédia digital das crianças**, completando o texto que começou a ser escrito sobre a máquina a vapor.

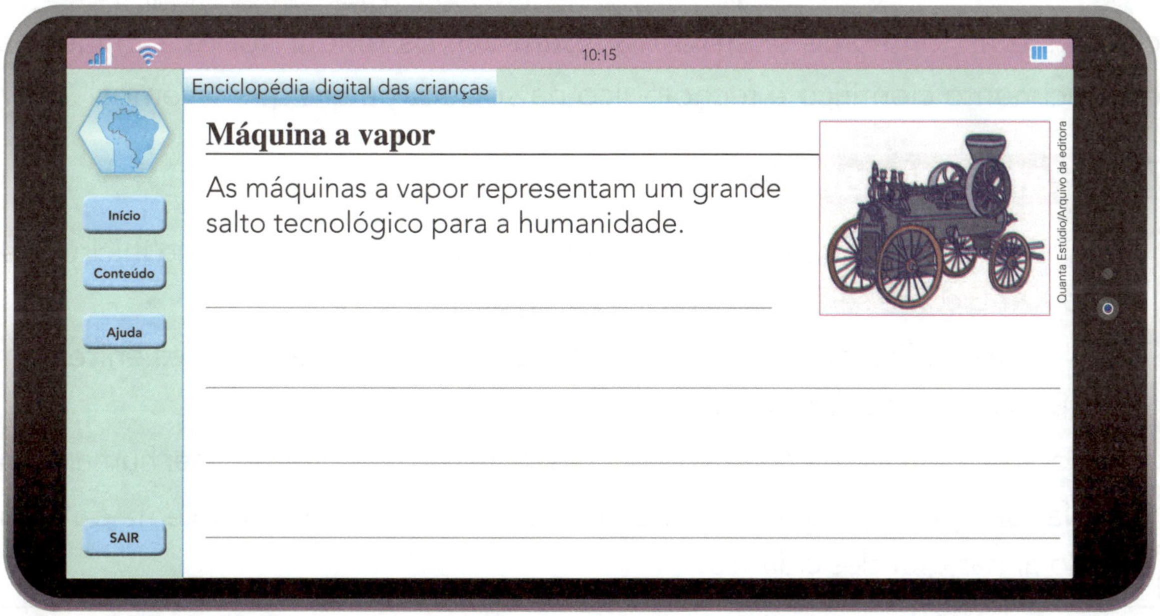

Banco de imagens/Arquivo da editora

Capítulo 12

Ciência, tecnologia e o nosso futuro

Paulo Manzi/Arquivo da editora

Como serão as cidades no futuro?

Neste capítulo vamos explorar alguns problemas enfrentados pelas grandes cidades e as fontes de energia. Também vamos refletir sobre a influência do conhecimento científico e tecnológico na sociedade em que vivemos.

Para iniciar

- Como você imagina que eram as ruas de uma grande cidade no início do século XX? E como serão essas ruas no final do século XXI?
- Na sua opinião, quais são os problemas que as grandes cidades enfrentam e o que seria necessário para resolvê-los?
- Você sabe quais são, hoje, as principais fontes de energia que o ser humano utiliza?
- Na sua opinião, o que é necessário fazer para reverter o problema da poluição do ar nas grandes cidades?

Atividade prática

Que tal checar a temperatura na escola e seus entornos: será que descobriremos alguma "ilha de calor"?

Material
• Borracha
• Caderno, se necessário
• Lápis preto
• Termômetro

Como fazer

1. Com a ajuda do professor, providencie um termômetro para medir a temperatura ambiente.

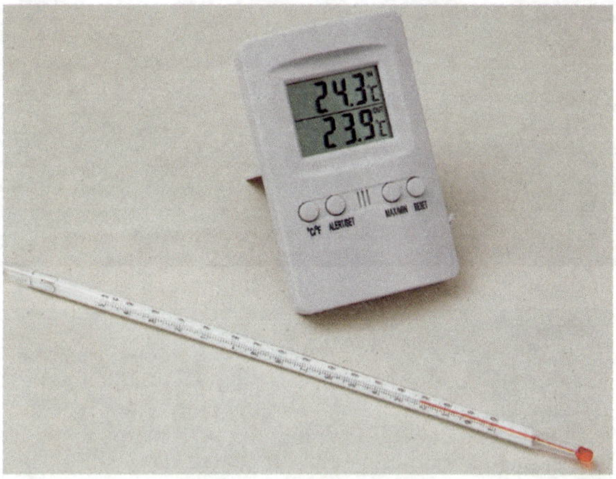

2. Acompanhado do professor e dos colegas, façam um passeio exploratório na escola. Vocês vão tomar a medida da temperatura em diferentes locais: próximo do piso de asfalto ou cimento, do chão de terra, das plantas, das paredes de alvenaria, do vidro das janelas, dos muros de pedra, etc.

3. Na tabela abaixo, registre os dados obtidos, como no exemplo. Se precisar de mais linhas, faça uma tabela no caderno com base nesse modelo.

Local	Temperatura
Piso de cimento	40 °C

4. Compartilhe os dados com a colegas: Em quais locais foram observadas as menores temperaturas? E em quais locais foram observadas as temperaturas mais altas?

Fotos: Sérgio Dotta Jr./Arquivo da editora

Problemas nas grandes cidades

Vamos refletir sobre problemas enfrentados nas grandes cidades nos dias de hoje.

Como eram as ruas de uma grande cidade no começo do século XX?

Por volta de 1900, ainda havia muitas carroças. Algumas ruas eram calçadas com pedras, mas a maioria era de terra. Sítios com plantações ficavam perto dos centros urbanos. Rios e córregos corriam a céu aberto e seus entornos alagavam no período mais chuvoso, podendo formar **várzeas**.

várzea: terreno baixo e plano, em geral à margem de um rio.

Como os próprios habitantes podem contribuir para melhorar a qualidade de vida nas cidades?

Ilustrações: Giz de Cera/Arquivo da editora

Desde então, as grandes cidades mudaram muito. Muitos rios e córregos foram canalizados e suas margens foram cobertas por construções e avenidas. O uso de veículos que queimam combustível cresceu tanto que os congestionamentos e a poluição do ar se tornaram um problema.

Nos dias em que a qualidade do ar piora, muitas pessoas se queixam de irritação nos olhos, tosse ou dificuldade para respirar. Nos dias mais quentes, o asfalto esquenta e os prédios dificultam a circulação do ar. E, quando há fortes chuvas sobre o chão impermeável, muita água escorre pelas sarjetas até chegar aos córregos e aos rios, que rapidamente se enchem e causam alagamentos.

Mas uma boa administração pode melhorar a vida nas cidades, com medidas como:

- Descobrir os rios novamente e ampliar suas margens. Assim a água das chuvas tem onde se depositar e as várzeas naturais são recuperadas.
- Criar áreas verdes, pois, com mais plantas, a temperatura e a umidade do ar tendem a ficar mais agradáveis.
- Pavimentar ruas com materiais que refletem mais os raios solares, diminuindo o superaquecimento nos centros urbanos.

1 Analise as imagens de uma cidade em diferentes épocas apresentadas na página anterior. Depois, preencha o quadro a seguir.

Quais elementos citados no texto não aparecem nas imagens?

Algumas características das grandes cidades	
De antigamente	De hoje em dia

2 Observe as imagens abaixo. Escreva uma legenda para cada uma delas explicando o que foi feito e como isso melhora a qualidade de vida nas cidades.

José Bassit/Pulsar Imagens

» ______________________

Rubens Chaves/Pulsar Imagens

» ______________________

Zoonar GmbH/Alamy/Latinstock

» ______________________

3 Explore o mural que alguns alunos começaram a fazer sobre o tema "As cidades de hoje em dia".

Clearviewstock/Shutterstock

Qualidade do ar e automotores

Os gráficos mostram dados obtidos em uma rodovia ao longo de dois dias: o primeiro mostra a quantidade de veículos que passou, e o segundo mostra a quantidade de partículas no ar.

Gráfico A

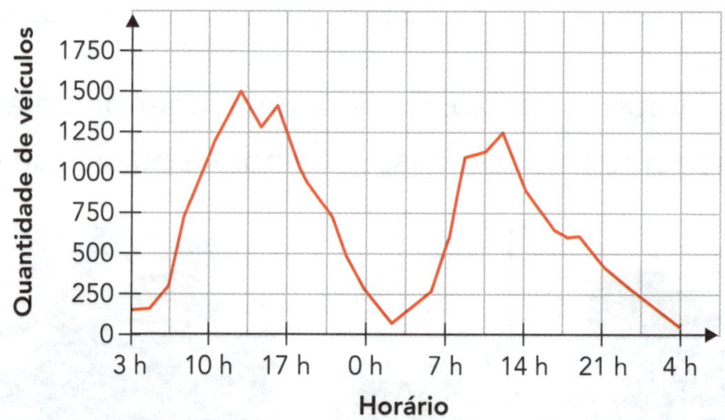

Gráfico B

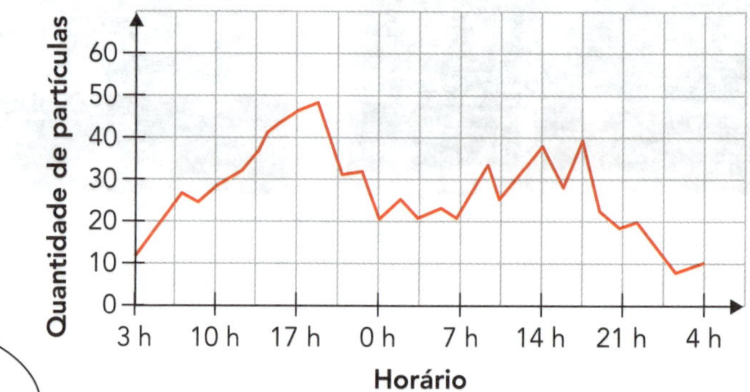

Fonte de pesquisa: **School Science Review**. n. 82, p. 99, set. 2000.

Hagaquezart Estúdio/Arquivo da editora

Sugestões de...

Livro

Mão e contramão: a aventura do trânsito. Liliana Iacocca e Michele Iacocca. São Paulo: Ática, 2010.

Site

Chega de poluição! Disponível em: <www.plenarinho.gov.br/noticias/reportagem-especial/dia-de-combate-a-poluicao>. Acesso em: abr. 2017.

4 Analise os gráficos e, no caderno, responda às questões que as crianças fizeram.

5 Veja o mapa apresentado no mural. Ele mostra as temperaturas médias anuais registradas em diferentes pontos de uma cidade.

Temperatura em diferentes regiões de uma cidade

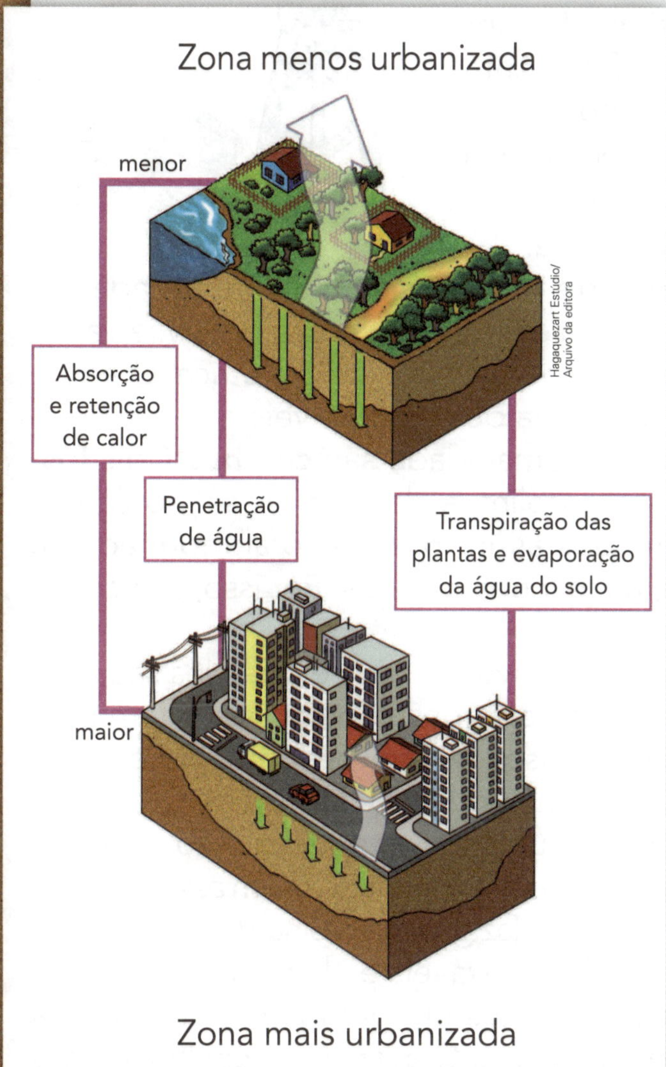

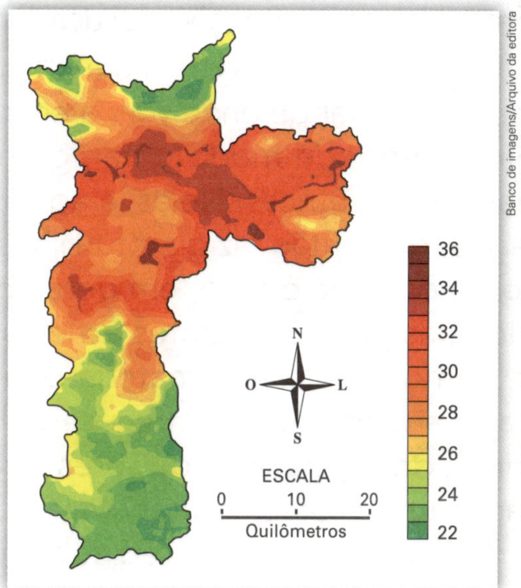

Dados de temperatura média anual em diferentes pontos de uma cidade.

6 No caderno, responda às perguntas que as crianças fizeram.

7 Troque ideias com os colegas: Por que as setas representadas no esquema têm tamanhos diferentes?

Fontes de energia "limpas"

Vamos explorar algumas fontes de energia e refletir sobre quais, provavelmente, serão as mais usadas no futuro.

Para que você precisa de energia?

Imagine que você acordou ao som do alarme de um despertador, levantou-se, acendeu a luz e foi tomar um banho quente. Depois, na cozinha, fez uma vitamina no liquidificador e comeu ovo frito. Antes de sair, viu na internet a previsão do tempo.

Mouses Sagiorato/Arquivo da editora

Em todas essas situações foi usado um tipo de energia! Mas de onde ela vem? Para entender isso, vamos primeiro explorar de onde vem a energia elétrica.

Como o ciclo da água ajuda a manter as represas cheias?

No mundo, de modo geral, grande parte da energia elétrica é gerada em usinas termoelétricas. Nelas, a água é fervida em imensas caldeiras e vira vapor de água, que então faz girar turbinas de geradores de energia elétrica. O aquecimento da água é feito, em geral, pela queima de combustíveis.

Hoje, as principais fontes de energia da humanidade são **combustíveis fósseis**, como o petróleo (matéria-prima da gasolina e do óleo *diesel*), o carvão mineral e o gás natural. Eles são chamados assim porque foram formados a partir da decomposição de seres vivos, há milhões de anos. Por isso, são considerados um recurso não renovável.

Uma grande preocupação sobre os combustíveis fósseis é que eles são considerados fontes de energia "não limpas", pois o consumo excessivo tem consequências ruins ao ambiente. Portanto, a busca por novas fontes de energia renováveis e "limpas" é um assunto da máxima importância.

Pensando na produção de energia elétrica, uma das alternativas são as usinas hidrelétricas, pois nelas não há queima de combustível. Elas funcionam assim: a água é armazenada em uma represa e, ao ser liberada, faz girar a turbina de geradores.

Há outros exemplos de fontes de energia renováveis e "limpas": a luz solar, o vento e os vegetais. Desde os anos 1990 houve um grande crescimento na obtenção e no uso de energia vinda dessas fontes. O avanço do conhecimento científico e tecnológico contribui para isso:

- Os painéis solares, que transformam energia da luz do Sol em energia elétrica, estão cada vez mais eficientes. O mesmo acontece com as turbinas **eólicas**, que geram eletricidade a partir do movimento do vento.
- A indústria de biocombustíveis – feitos de vegetais – está crescendo. É o caso do etanol e do biodiesel.

Ou seja, nós refletimos sobre os efeitos negativos dos avanços científicos e tecnológicos, e com o próprio avanço desse conhecimento é que enfrentamos esses problemas!

eólico: relacionado ao vento.

Paulo Manzi/Arquivo da editora

1 Contribua com a **Enciclopédia digital das crianças** criando pequenos textos que expliquem o significado dos verbetes abaixo.

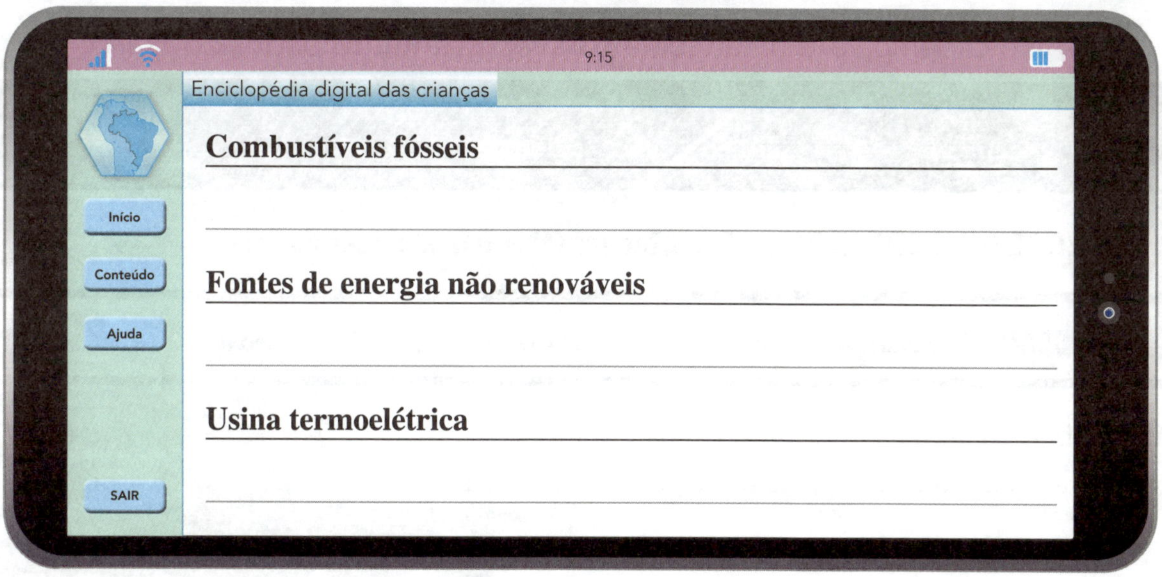

Banco de imagens/Arquivo da editora

2 Com base na leitura do texto da página anterior, complete os esquemas que começaram a ser feitos pelas crianças.

Combustíveis fósseis → foram formados a partir dos restos de → ______

Combustíveis fósseis → por exemplo → Petróleo; Carvão; ______

Vegetais → podem ser usados para fazer → ______ → por exemplo → ______; Biodiesel

Petróleo → pode ser usado para fazer → ______ → por exemplo → Gasolina; ______

Energia elétrica → pode ser gerada em → Usinas termoelétricas; ______

Moinhos eólicos → podem ser usados para gerar → ______

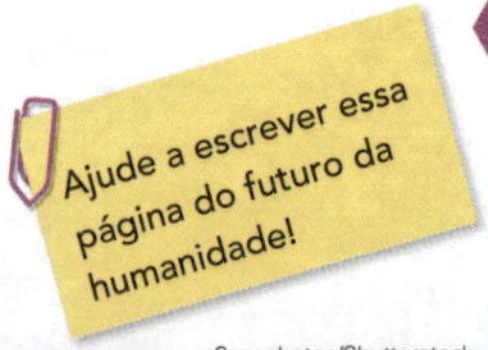

Ssuaphotos/Shutterstock

3 Veja nesta página e na seguinte um jornal publicado no final do século XXI.

a) Complete as lacunas do texto.

b) No caderno, faça uma tabela para representar os dados do gráfico **1**.

EDIÇÃO ESPECIAL — Reportagens sobre o final do século XXI

20 de novembro de 2095

PANORAMA DA POLUIÇÃO — De onde o mundo obteve a energia utilizada neste século

Compare os gráficos abaixo. Veja quais eram as principais fontes de energia no início deste século e quais são as principais fontes usadas atualmente.

Gráfico 1 – Energia obtida a partir de diferentes fontes (2014)

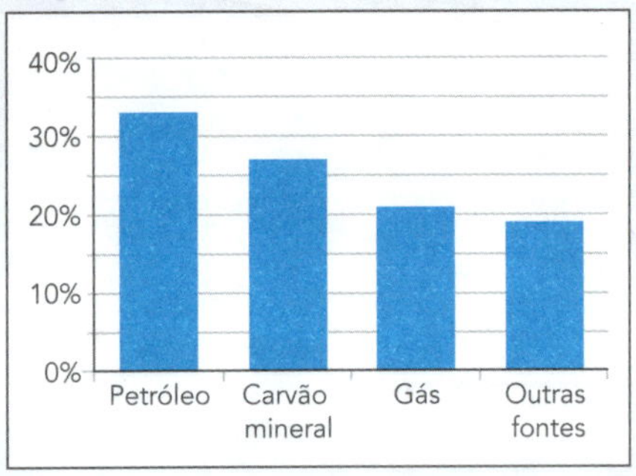

Gráfico 2 – Energia obtida a partir de diferentes fontes (2095)

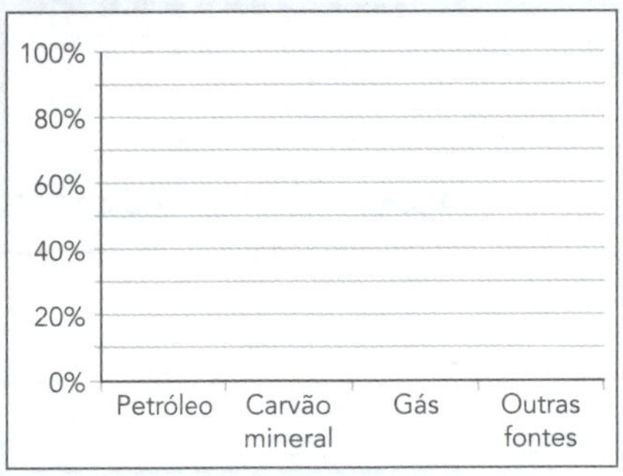

Fonte do gráfico: International Energy Agency (IEA). Disponível em: <http://energyatlas.iea.org/#!/tellmap/1378539487>. Acesso em: 15 fev. 2017. (Adaptado.)

A qualidade do ar era uma preocupação constante no início do século XXI. Hoje, os níveis de poluição são muito baixos: o ar é muito mais limpo.

Naquela época, sobretudo nos grandes centros urbanos, o ar era ______________ porque, entre outros fatores, a principal fonte de energia eram os ______________

______________.

Ao longo deste século o ar melhorou muito, sobretudo porque

______________.

Luca Atalla/Pulsar Imagens

Plataforma de extração de petróleo na baía de Guanabara (RJ), em 2015.

Adjacir Cidrão/Imagem Brasil

Captadores de energia de ondas em São Gonçalo do Amarante (CE), em 2015.

c) Tente prever o futuro! Represente no gráfico **2**, na página anterior, dados que indicam a porcentagem de quais serão as principais fontes de energia em 2095.

d) Complete as legendas dos gráficos **3** e **4**.

FONTES DE ENERGIA – A evolução do uso de fontes alternativas nas cidades

Stockphotos/Latinstock

SvetlanaBG/Shutterstock

Esse é o "admirável mundo novo" que construímos no século XXI! Um mundo repleto de boas notícias!

Os gráficos a seguir mostram a grande mudança que ocorreu no início do século, em relação ao uso – no mundo inteiro – de fontes alternativas para a produção de energia.

Gráfico 3 – Capacidade de produção de energia solar

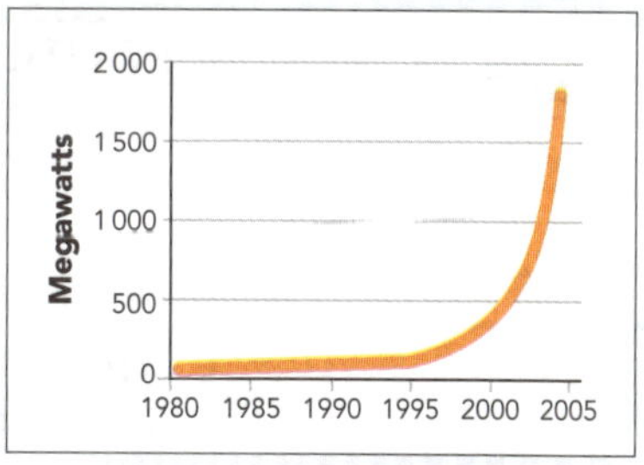

» No gráfico 3, percebemos que

____

____

____

____

Gráfico 4 – Capacidade de produção de energia eólica

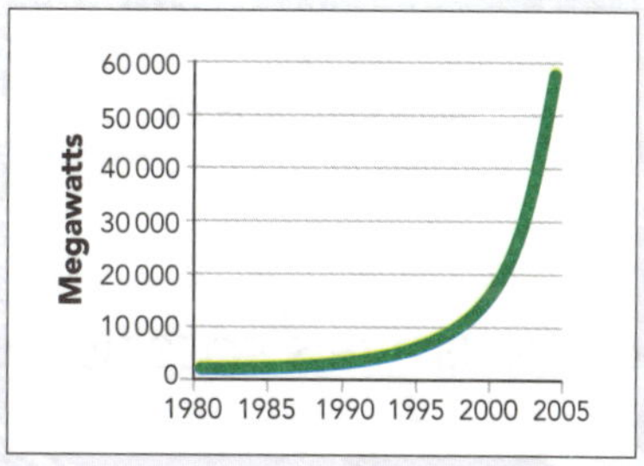

» No gráfico 4, percebemos que

____

____

____

____

Fonte: **Scientific American** (edição americana), set. 2006, p. 63. (Adaptado.)

VAMOS VER DE NOVO?

Neste capítulo você aprendeu que:

- No século XX houve um grande aumento do número de veículos automotores nas ruas.
- A fumaça liberada pelos veículos automotores contribui para a poluição do ar.
- Petróleo, carvão e gás natural são combustíveis fósseis. Eles são considerados fontes de energia "não limpas".
- A energia obtida de usinas hidrelétricas, da luz solar, do vento (eólica) e de combustíveis derivados de plantas (como o álcool) é considerada "limpa".
- Fontes de energia "limpas" são em geral renováveis e menos poluidoras. Elas têm sido cada vez mais usadas.
- Ciência e tecnologia, em princípio, devem promover o bem-estar dos seres humanos e do ambiente como um todo.

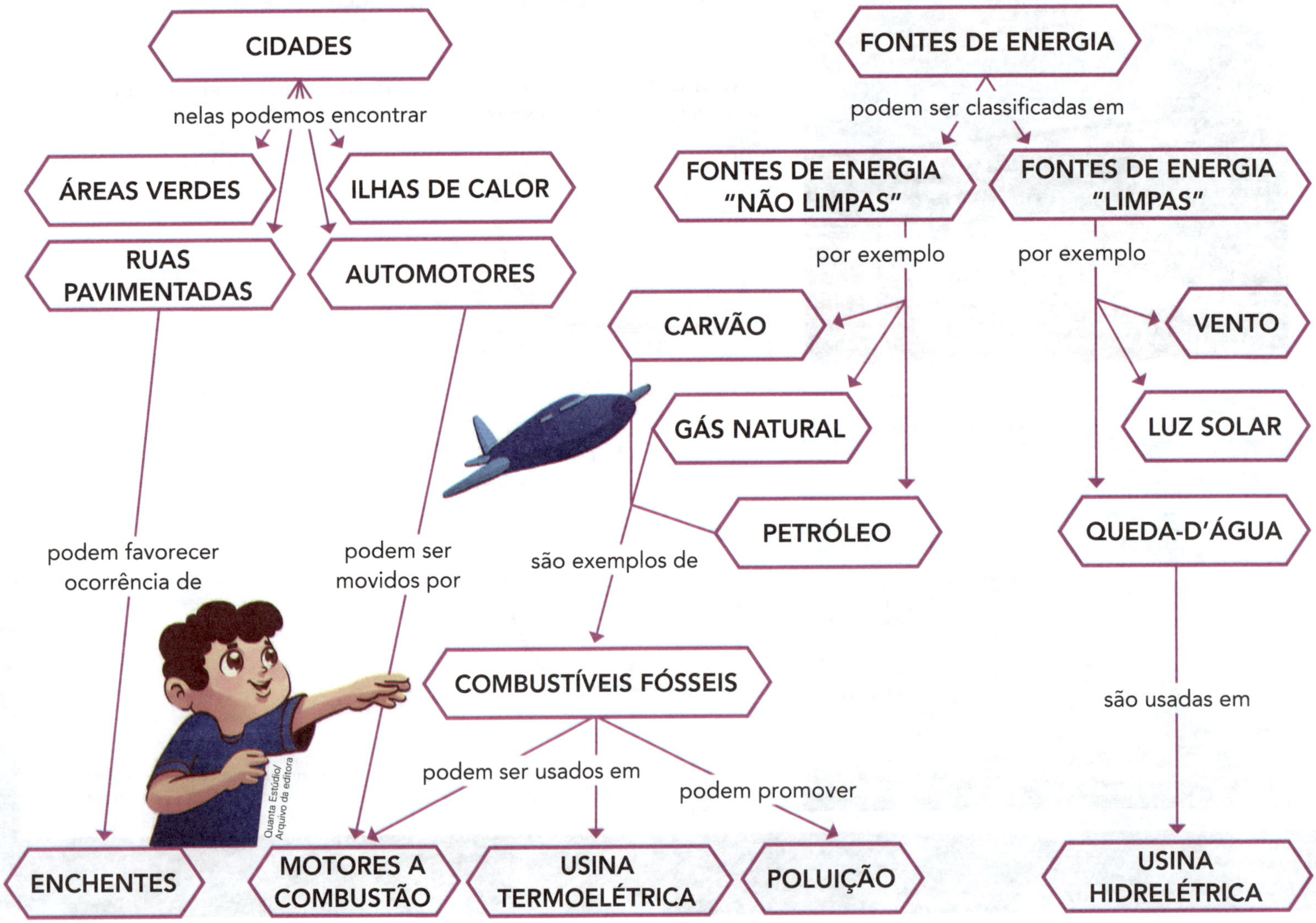

1 A cruzadinha já está resolvida! Use as palavras para escrever no caderno um texto com o seguinte título: "A qualidade de vida nas grandes cidades".

Quanta Estúdio/Arquivo da editora

2 Escreva uma legenda para cada uma das imagens abaixo, comentando se essa fonte de energia pode ou não ser considerada "limpa".

JoshxPower/Shutterstock

» ____________________

Stockphotos/Latinstock

» ____________________

Fernando Favoretto/Criar Imagem

» ____________________

3 Como serão as cidades e quais serão as principais fontes de energia no futuro? Explicite argumentos em favor de suas ideias e no caderno ilustre sua resposta.

1 Leia o texto abaixo e conheça melhor Itaipu, uma grande usina hidrelétrica na fronteira entre o Brasil e o Paraguai.

Billion Photos/Shutterstock

Itaipu reassume liderança em produção de energia

Christian Rizzi/Fotoarena

Barragem da usina de Itaipu com as calhas abertas para escoar o excedente de água. Foz do Iguaçu (PR), 2015.

A usina hidrelétrica de Itaipu quebrou o recorde mundial de geração de energia elétrica ao ultrapassar os 98,8 milhões de megawatts-hora (MWh) produzidos pela usina Três Gargantas, na China, em 2014. Com o resultado, a empresa brasileiro-paraguaia reassumiu a liderança no setor.

A produção total de 2016 superou os 103 milhões de MWh. Em 2015, a usina binacional produziu 89,2 milhões de MWh, o que representou 2,5% a mais que a chinesa. Em 2014, Itaipu havia perdido a posição de líder mundial de produção anual de eletricidade em decorrência da crise hídrica enfrentada pelo Brasil por causa da seca que atingiu grande parte do país, pelo segundo ano consecutivo.

"Dificilmente, uma hidrelétrica vai quebrar essa marca. Nós mesmos vamos ter muita dificuldade de ultrapassar esse número, porque foi um ano em que tudo funcionou bem", disse o diretor-geral brasileiro de Itaipu, Jorge Samek, em uma cerimônia de comemoração na empresa.

Uma combinação de fatores contribuiu para o bom desempenho, segundo a empresa: a afluência regular do rio Paraná, a alta demanda de eletricidade no Brasil e no Paraguai, a otimização do uso dos recursos naturais e a elevada *performance* dos equipamentos.

"O regime [de chuvas] em 2016 foi muito favorável para o nosso reservatório de Itaipu, no rio Paraná", afirmou o diretor técnico executivo, Airton Dipp.

Itaipu responde por 18% de toda a energia elétrica consumida no Brasil e atende a 82% do consumo paraguaio de eletricidade.

CAMPOS, Ana Cristina. Agência Brasil. Itaipu reassume liderança em produção de energia. 17 dez. 2016. Disponível em: <http://agenciabrasil.ebc.com.br/economia/noticia/2016-12/itaipu-ultrapassa-tres-gargantas-e-reassume-lideranca-em-producao-de>. Acesso em: 31 jul. 2017.

2 O nome Itaipu tem origem na língua tupi-guarani. Junte os termos tupis-guaranis abaixo e descubra algumas palavras comuns no nosso dia a dia. Quantas palavras você conseguiu formar?

ITA pedra	**IBI** terra
PU barulho	**UNA** preto
Y água do rio	**PORÃ** bonito

3 Observe abaixo o mapa da região de Itaipu e complete as lacunas indicando o que as legendas descrevem.

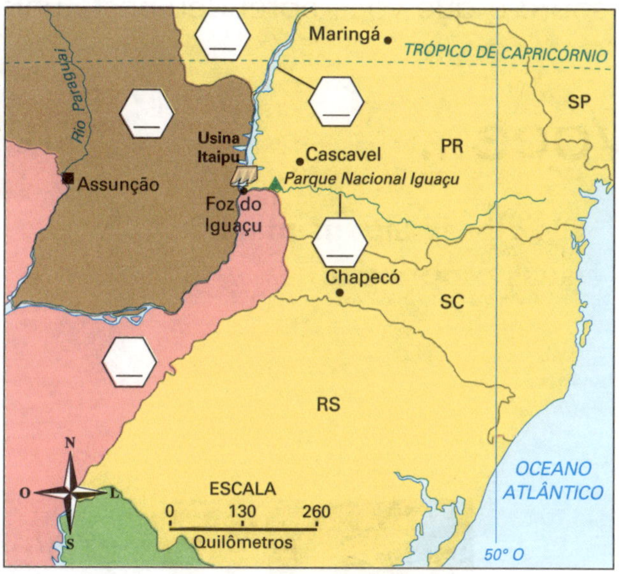

Banco de imagens/Arquivo da editora

1. Rio Paraná, onde se encontra a barragem de Itaipu.
2. Rio Iguaçu, que deságua no rio Paraná.
3. Paraguai, país a oeste na tríplice fronteira.
4. Argentina, país ao sul na tríplice fronteira.
5. Brasil, país a leste na tríplice fronteira.

4 Analise os dados da produção recente anual de Itaipu, considere as informações do texto da página anterior e esclareça as dúvidas dos alunos.

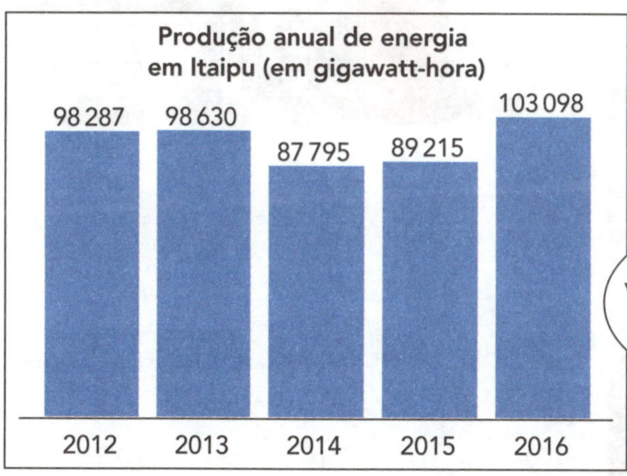

Fonte: www.itaipu.gov.br

Giz de Cera/Arquivo da editora

O QUE ESTUDAMOS

Nesta unidade:

- Aprendemos que nem todas as mudanças decorrentes do desenvolvimento do conhecimento científico e tecnológico melhoram nossa qualidade de vida.
- Também aprendemos que o próprio avanço do conhecimento científico e tecnológico tem possibilitado o desenvolvimento de fontes de energia consideradas menos poluentes, que começam a ser cada vez mais usadas.

Observe as imagens a seguir e relembre o que estudou. Depois, converse com os colegas e com o professor sobre o que você aprendeu nesta unidade que antes não sabia.

Registre suas ideias no caderno.

Você...

Quanta Estúdio/Arquivo da editora

... explorou alguns materiais e suas propriedades.

Quanta Estúdio/Arquivo da editora

... refletiu sobre o lado positivo e o lado negativo das invenções.

Alain Le Bot/Opção Brasil Imagens

... aprendeu como ocorrem os incêndios e o que é possível fazer para controlá-los e evitá-los.

... explorou os avanços tecnológicos relacionados ao domínio do fogo e da água.

Giz de Cera/Arquivo da editora

Rubens Chaves/Pulsar Imagens

... analisou problemas enfrentados nas grandes cidades.

Stockphotos/Latinstock

... conheceu diferente fontes de energia e discutiu sobre quais, provavelmente, serão as mais usadas no futuro.

Folheie as páginas anteriores e reflita sobre valores, atitudes e o que você aprendeu nesta unidade.

- Que valor você dá para invenções como a televisão e os *smartphones*? Você acha que, nos dias de hoje, poderíamos viver sem elas? Explique.
- Você já pensou em, quando for mais velho(a), trabalhar no Corpo de Bombeiros? Qual a sua opinião sobre a profissão de bombeiro?
- Você acha que pode contribuir para a diminuição da poluição do ar? Explique.
- Considerando tudo o que você estudou em Ciências durante este ano, que assuntos você ficou com vontade de investigar e explorar mais a fundo?

GLOSSÁRIO

A

Altitude P. 15

Altura de um ponto em relação ao nível do mar.

O ponto de maior altitude do Brasil é o pico da Neblina, localizado no estado do Amazonas. Ele chega a aproximadamente 2 995 metros acima do nível do mar.

Luiz Cláudio Marigo/Opção Brasil Imagens

Asteroide P. 44

Corpo celeste que gira em torno do Sol. Seu tamanho pode variar de menos de 1 quilômetro a quase 1 000 quilômetros de diâmetro.

Na imagem abaixo, o asteroide Ida, cujo maior diâmetro é de 55 km, e sua lua.

Galileo Project/JPL/NASA

Atmosfera P. 43

Camada de gases que envolve um planeta.

A atmosfera terrestre é constituída principalmente de gás nitrogênio e gás oxigênio.

B

Biocombustível P. 170

Combustível produzido a partir de matéria orgânica não fóssil.

Biocombustíveis são uma fonte de energia renovável e podem ser produzidos a partir de diversos tipos de plantas ou até de lixo.

Biodiesel P. 170

Tipo de biocombustível produzido a partir de fontes vegetais como a soja e a mamona.

O biodiesel já é utilizado em alguns veículos no Brasil, e espera-se que no futuro possa substituir os combustíveis fósseis.

Biólogo P. 12

Especialista que estuda os seres vivos e todos os aspectos relacionados à vida.

Os biólogos podem fazer estudos para caracterizar a vegetação de um local.

C

Carvão mineral P. 170

Combustível fóssil que pode ser extraído de jazidas (formadas há milhões de anos a partir da decomposição de restos de plantas) por meio da mineração.

O carvão mineral foi bastante utilizado no século XVIII em máquinas movidas a vapor.

Cavidade torácica P. 70

Espaço do corpo situado entre as costelas e a coluna vertebral.

Na cavidade torácica estão alojados o coração e os pulmões.

Cometa P. 44

Corpo celeste formado por partículas sólidas, gases congelados e poeira, e que possui órbita ao redor do Sol.

Ao se aproximar do Sol, a superfície do cometa começa a se vaporizar, produzindo uma longa cauda brilhante que se estende por milhões de quilômetros.

Reprodução/Nasa Imagens

Na fotografia, o cometa Halley. Ele passa pelo Sistema Solar a cada 76 anos, aproximadamente. Sua última aparição foi em 1986.

Cosmonauta P. 42

O mesmo que astronauta: pessoa que viaja pelo espaço a bordo de uma espaçonave.

O cosmonauta Marcos Pontes foi o primeiro brasileiro a viajar ao espaço.

D

Decomposição P. 170

Processo de transformação da matéria orgânica, provinda de organismos vivos, em nutrientes.

A decomposição é geralmente realizada com a ajuda de bactérias.

E

Ecólogo P. 16

Profissional que estuda as interações dos seres vivos entre si e com a parte não viva do ambiente.

Ecólogos podem avaliar como a construção de barragens e estradas, por exemplo, afeta as populações animais e vegetais de uma região.

Ejaculação P. 100

Expulsão de jatos de esperma.

Em geral, os meninos têm a primeira ejaculação na adolescência.

Epífita P. 12

Planta que se desenvolve sobre outras plantas (como xaxins ou árvores), utilizando-as como apoio, mas sem retirar nutrientes delas.

As orquídeas são exemplos de epífitas.

Attapol_R/Shutterstock

Estação espacial P. 38

Engenho mantido na órbita da Terra com o objetivo de servir como base para missões por um longo período no espaço.

A Estação Espacial Internacional foi construída conjuntamente por vários países.

Exoplaneta P. 44

Planeta que não pertence ao Sistema Solar, ou seja, que orbita uma estrela que não é o Sol.

O primeiro exoplaneta foi descoberto em 1989, e a maioria dos conhecidos atualmente é maior que o planeta Terra.

G

Galáxia P. 44

Sistema estelar que contém bilhões de estrelas, poeira, gases e outros aglomerados estelares.

A Via Láctea, galáxia a que pertence o Sistema Solar, é uma entre mais de um bilhão de galáxias observáveis atualmente no Universo.

Christianto/Shutterstock

GPS P. 28

Sistema de orientação por satélite. Sigla da expressão inglesa ***Global Positioning System***, que, em português, significa Sistema Global de Posicionamento.

Por meio de um aparelho, o usuário recebe os sinais emitidos pelos satélites, com os quais pode calcular sua posição e a hora local.

G. Evangelista/Opção Brasil Imagens

Gramínea P. 14

Planta cujo caule possui nós bem salientes.

Muitas gramíneas têm alto valor econômico, como o milho, o trigo, o arroz, a cana-de-açúcar e a aveia.

Bildagentur Zoonar GmbH/Shutterstock

H

Hemisfério P. 27

Cada uma das metades da Terra quando ela é dividida por uma linha imaginária que passa em seu centro.

A linha do equador divide a Terra em hemisfério norte e hemisfério sul, enquanto o meridiano de Greenwich a divide em hemisfério ocidental e hemisfério oriental.

Delfim Martins/Pulsar Imagens

Herbácea P. 12

Planta de tamanho limitado, caule macio ou maleável, com um ciclo de vida geralmente curto.

A vegetação herbácea é aquela que não cresce muito. Alguns exemplos são: arroz, morango e tomate.

M

Mata Atlântica P. 12

Formação vegetal que, no passado, se estendia do litoral do estado do Rio Grande do Norte ao litoral do estado do Rio Grande do Sul.

A Mata Atlântica apresenta grande biodiversidade. Atualmente, apenas cerca de 7% de sua vegetação original continua preservada.

Stockphotos/Latinstock

Menstruação P. 100

Sangramento do útero que ocorre aproximadamente a cada 28 dias.

A primeira menstruação costuma ocorrer entre os 10 e os 14 anos de idade.

Microscópio P. 80

Instrumento que possibilita a observação daquilo que é bem pequeno, não visível a olho nu.

Os microscópios ópticos compostos são feitos com uma combinação de lentes. Utilizando-os, podemos ver as células do sangue.

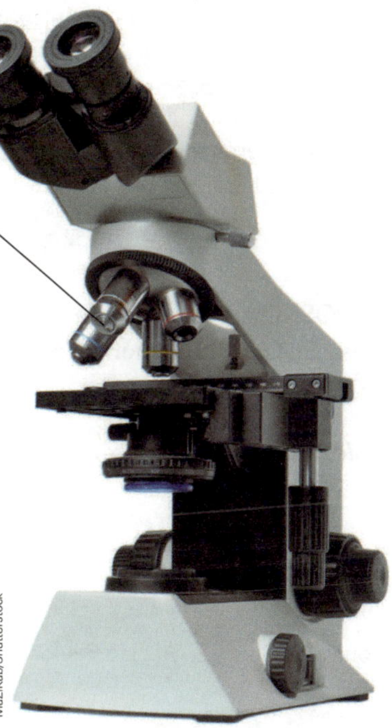

MaZiKab/Shutterstock

N

Nave espacial P. 22

Veículo espacial geralmente tripulado.

A bordo das naves espaciais, os astronautas realizam experimentos e obtêm informações sobre o Universo.

O

Ônibus espacial P. 40

Nave espacial tripulada que pode ser reutilizada.

O ônibus espacial é lançado para fora da Terra com a ajuda de um foguete, do qual se separa ao atingir o espaço. Na volta à Terra, o ônibus espacial aterrissa como um avião.

NASA/Getty Images

O ônibus espacial Discovery, fotografado em 2001.

S

Satélite artificial P. 40

Objeto criado pelo ser humano e lançado ao espaço para girar ao redor de um planeta.

O Sputnik foi o primeiro satélite artificial.

Sítio arqueológico P. 15

Local onde são encontradas evidências de seres humanos que viveram no passado.

Instrumentos de trabalho, pinturas, restos de casas e de alimentos são alguns dos vestígios que podem ser encontrados em sítios arqueológicos.

Suco gástrico P. 74

Líquido produzido no estômago que atua na digestão.

No estômago, o bolo alimentar é misturado ao suco gástrico. Aí ocorre parte da digestão, que depois continua no intestino delgado.

BIBLIOGRAFIA

ALIBERT-KOURAGUINE, D.; GORDE, M. ***As grandes invenções:* respostas a pequenas curiosidades**. São Paulo: Scipione, 1997.

AMABIS, J. M.; MARTHO, G. R. ***Investigando o corpo humano***. São Paulo: Scipione, 2004.

BARRETO, E. S. S. (Org.). ***Os currículos do Ensino Fundamental para as escolas brasileiras***. Campinas: Autores Associados, 1998.

BENLLOCH, M. ***Por un aprendizaje constructivista de las Ciencias***. Madrid: Visor Distribuciones, 1984.

BRASIL. Ministério da Educação. Secretaria de Educação Fundamental. ***Base Nacional Comum Curricular (BNCC) – Ciências da Natureza***. Brasília, 2017.

________. ***Parâmetros Curriculares Nacionais:* primeiro e segundo ciclos do Ensino Fundamental: Ciências Naturais**. Brasília, 1996.

________. ***Parâmetros Curriculares Nacionais:* terceiro e quarto ciclos do Ensino Fundamental: Ciências Naturais**. Brasília, 1997.

CAMPOS, M. C. C.; NIGRO, R. G. ***Didática de Ciências:* o ensino-aprendizagem como investigação**. São Paulo: FTD, 2004.

CARVALHO, A. M. P. et al. ***Ciências no Ensino Fundamental:* o conhecimento físico**. São Paulo: Scipione, 1998.

CARVALHO, A. M. P.; GIL-PÉRES, D. ***Formação de professores de Ciências:* tendências e inovações**. 10. ed. São Paulo: Cortez, 2011. v. 26. (Coleção Questões da Nossa Época).

CAVALCANTI, Z. (Coord.). ***Trabalhando com História e Ciências na Pré-Escola***. Porto Alegre: Artmed, 1995.

COLEÇÃO As Origens do Saber da Natureza. São Paulo: Melhoramentos, 1994.

COLEÇÃO Atlas Visuais. São Paulo: Ática, 1999.

COLEÇÃO Aventura Visual. Rio de Janeiro: Globo, 1990.

COLEÇÃO Ciência Divertida. São Paulo: Melhoramentos, 1999.

COLEÇÃO Ciência e Natureza. Rio de Janeiro: Time Life-Abril Livros, 1995.

COLEÇÃO De Olho na Ciência. São Paulo: Ática, 2000.

COLEÇÃO Enciclopédia da Vida Selvagem Larousse. Barcelona: Altaya, 1997.

COLEÇÃO Guia Prático de Ciências. Rio de Janeiro: Globo, 1994.

COLEÇÃO Jovem Cientista. Rio de Janeiro: Globo, 1996.

COLEÇÃO Minha Primeira Enciclopédia. São Paulo: Ática, 2002.

COLEÇÃO Mundo Incrível. Rio de Janeiro: Globo, 1998.

COLEÇÃO O Corpo Humano. São Paulo: Scipione, 1997.

COLEÇÃO Projeto Ciência. São Paulo: Atual, 2016.

COLEÇÃO Reciclar. São Paulo: Scipione, 2001.

COLEÇÃO Tesouros da Terra: minerais e pedras preciosas. Rio de Janeiro: Globo, 1996.

COLEÇÃO Ver de Perto a Natureza. São Paulo: Ática, 1999.

COLL, C.; TEBEROSKY, A. ***Aprendendo Ciências:* conteúdos essenciais para o Ensino Fundamental de 1ª a 4ª série**. São Paulo: Ática, 2002.

LEPSCH, I. F. ***Solos:* formação e conservação**. 2. ed. São Paulo: Melhoramentos, 2010.

NOVAK, J. D.; GOWIN, D. B. ***Aprendiendo a aprender***. Barcelona: Martínez Roca, 1988.

PARQUES Nacionais do Brasil. 2. ed. São Paulo: Empresa das Artes, 2003. (guias Philips).

RONAN, C. A. ***História ilustrada da Ciência***. Rio de Janeiro: Jorge Zahar, 1987.

VYGOTSKY, L. S. ***Pensamento e linguagem***. São Paulo: Martins Fontes, 1987.

WEISSMANN, H. (Org.). ***Didática de Ciências Naturais:* contribuições e reflexões**. Porto Alegre: Artmed, 1998.

Ciências

Projeto Ápis

5º ano

Ciências e Linguagem

editora ática

Preparado para mais este desafio?

Neste complemento você encontrará vários textos jornalísticos. São notícias e reportagens que abordam assuntos relacionados ao que você estudou em Ciências durante este ano. Dessa maneira, ao mesmo tempo que você lê os textos jornalísticos, também poderá rever o que estudou.

No final, você será convidado a se organizar com os colegas para fazer um jornal que trate de temas que vocês estudaram em Ciências neste ano.

Hagaquezart Estúdio/Arquivo da editora

Você tem o hábito de ler jornais ou revistas? Que tal prestar atenção em algumas das características que o texto jornalístico apresenta?

Nestas páginas, você vai encontrar dois textos jornalísticos. Sinalizamos nas margens as principais partes de cada um. Preste atenção nelas. Assim, quando for escrever suas próprias notícias, poderá se orientar por estes exemplos!

Título: geralmente dá alguma indicação do tema ao qual se refere o texto.

Texto introdutório: oferece um resumo do que será abordado no texto. Em geral é curto, com poucas frases.

Texto da notícia: é o relato da notícia propriamente dito. Apresenta o fato, dá as principais informações relacionadas a ele e, no final, pode trazer um comentário do jornalista ou possíveis repercussões daquilo que está sendo noticiado.

Foto: apresenta imagens do que é noticiado.

Legenda: identifica a imagem apresentada.

Bro Crock/Shutterstock

Parabéns pra você...

O telescópio espacial Hubble celebra 25 anos – conheça a história deste bravo guerreiro do espaço!

Você já visitou um observatório astronômico? Já teve a oportunidade de olhar para o céu limpinho, repleto de estrelas? Agora, imagine ter essa visão de fora do nosso planeta, não seria incrível? Acima da atmosfera, orbitando a Terra com a velocidade de oito quilômetros por segundo, está o telescópio espacial Hubble, que completa 25 anos este mês [abril de 2015].

Lançado em 24 de abril de 1990, o Hubble tem como principal objetivo fazer imagens claras do espaço – melhores que as dos telescópios instalados em terra, que enfrentam dificuldades como as condições atmosféricas, que podem piorar a qualidade das imagens. A construção do Hubble e sua operação ficam a cargo da agência espacial americana, ou Nasa, na sigla em inglês.

NASA/Alamy/Latinstock

Telescópio espacial Hubble em órbita.

Pouco depois do lançamento, os cientistas e engenheiros envolvidos na operação do telescópio detectaram um defeito. Em vez das imagens claras que eram esperadas, os cientistas começaram a ver imagens borradas. E como resolver isso? Felizmente, o Hubble foi projetado para receber reparos lá no espaço, sem precisar voltar à Terra. Assim, decidiu-se instalar um conjunto de espelhos capaz de consertar o problema.

Em 1993, sete corajosos astronautas embarcaram na primeira missão de reparo do Hubble e o deixaram pronto para funcionar a todo o vapor. Após esta primeira missão, outras viagens para troca de peças e equipamentos foram feitas.

[...]

Com o passar do tempo, as peças do Hubble ficarão muito velhas, até que não poderão mais ser usadas. Assim, a vida do telescópio está perto do fim. Em 2018, será lançado o telescópio espacial James Webb, que irá substituir o Hubble em algumas de suas funções. Até lá, no entanto, muitos cientistas ainda continuarão contando com os dados do Hubble em suas pesquisas astronômicas.

LOPES, Everton. Parabéns pra você... **Ciência Hoje das Crianças**, 24 abr. 2015. Disponível em: <http://chc.org.br/parabens-pra-voce-2/>. Acesso em: abr. 2017.

Crédito de fotos, gráficos e esquemas: identifica quem ou que empresa produziu ou divulgou as imagens apresentadas.

Crédito: identifica quem escreveu a notícia.

Banco de imagens/Arquivo da editora

Título: geralmente dá alguma indicação do tema ao qual se refere o texto.

Texto introdutório: oferece um resumo do que será abordado no texto. Em geral é curto, com poucas frases.

10:15

A dieta do atleta olímpico

O pão e o macarrão estão no pódio dos alimentos essenciais para garantir força e resistência para as provas

Rodolfo Buhrer/La Imagem/Fotoarena

O ginasta Arthur Zanetti não dispensa o macarrão e a batata.

Crédito de fotos, gráficos e esquemas: identifica quem ou que empresa produziu ou divulgou as imagens apresentadas.

Foto: apresenta imagens do que é noticiado.

Legenda: identifica a imagem apresentada.

Não importa a modalidade: os atletas que vão disputar os Jogos Olímpicos Rio 2016 preparam um cardápio especial para ter a melhor *performance* e disputar a cobiçada medalha de ouro. Afinal, a alimentação correta garante músculos preparados e energia de sobra em instantes decisivos.

[...]

Cada modalidade esportiva, explica Vanderli [Vanderli Marchiori, nutricionista], exige um aporte calórico e proteico diferente. [...] No caso de Zanetti, dos boxeadores e dos atletas das artes marciais, é preciso estar em dia com o peso. "Eles seguem dietas com maior aporte de proteínas durante a fase de treinos, redução de sal e um pouco mais de fontes de carboidrato", diz.

As proteínas têm um papel fundamental no desenvolvimento da musculatura. O sal tem sódio, mineral que em excesso favorece a retenção de líquidos no corpo, o que pode provocar mudanças para cima na balança.

O prato do atleta

A função de cada nutriente no desempenho do atleta

Proteínas: são fundamentais para desenvolver a musculatura e reparar os tecidos lesionados.

Carboidratos: são a principal fonte de energia dos esportistas e garantem força e fôlego para provas longas.

Gorduras: são elas que transportam as vitaminas e regulam os hormônios, mas, em excesso, favorecem o ganho de peso.

Boxe: em geral diferenciado por moldura de fio ou fundo colorido, traz informações complementares à notícia.

Para completar, o carboidrato é um manancial de energia, por isso não pode faltar no menu de atletas de maratona, ciclismo, natação ou triatlo, que demandam um maior consumo calórico do que o da média do cidadão comum. Afinal, essas práticas esportivas são de longa duração ou resistência – haja gás para manter o pique durante as provas.

[...]

A dieta do atleta olímpico. **Associação Brasileira da Indústria do Trigo (Abitrigo).** Disponível em: <www.glutenconteminformacao.com.br/a-dieta-do-atleta-olimpico/>. Acesso em: abr. 2017. (Adaptado.)

Texto da notícia: é o relato da notícia propriamente dito. Apresenta o fato, dá as principais informações relacionadas a ele e, no final, pode trazer um comentário do jornalista ou possíveis repercussões daquilo que está sendo noticiado.

> “O carboidrato é um manancial de energia, por isso não pode faltar no menu de atletas de maratona, ciclismo, natação ou triatlo, que demandam maior consumo calórico.”

Olho: trecho da notícia que recebe destaque gráfico para chamar a atenção do leitor.

Crédito: identifica quem ou que empresa escreveu a notícia.

1 Leia o texto abaixo.

Tuulijumala/Shutterstock

Fantástico Mundo Perdido

Conheça o parque brasileiro que protege uma parte dos tepuis, montanhas da Amazônia que inspiraram lendas, livros e filmes

Imagine uma região com vastas florestas tropicais e savanas. Como ilhas em um oceano verde, surgem do meio das matas montanhas tão altas que estão quase sempre cobertas por nuvens. De seus paredões de pedras escorrem as mais incríveis cachoeiras. E em seus topos, planos como imensas mesas, vivem espécies de plantas e animais que não existem em nenhum outro lugar do mundo. Parece a descrição de um cenário de filme de aventura, mas é uma paisagem real!

Os tepuis, como são chamadas essas montanhas achatadas do norte da Amazônia, são fascinantes e já inspiraram muitas lendas e estórias. Os índios da região consideravam que os tepuis eram a casa dos deuses. Antes de conseguirem escalar os tepuis, alguns exploradores acreditavam que seus topos poderiam esconder lendárias cidades feitas de ouro.

Certa vez, um escritor escocês – o mesmo que criou as estórias do detetive Sherlock Holmes –, ao ouvir falar dos tepuis, escreveu um livro chamado *O Mundo Perdido*, no qual descrevia criaturas incríveis como dinossauros e homens-macaco vivendo no alto daquelas montanhas. Mais recentemente, os tepuis inspiraram a criação do Paraíso das Cachoeiras, cenário em que se passa o filme de animação *Up – Altas Aventuras*.

Mariusz Prusaczyk/Alamy/Latinstock

Os tepuis são enormes montanhas planas que existem no norte da Amazônia. Quase sempre cobertos de nuvens, os tepuis têm um ar misterioso que inspirou diversas lendas e estórias de aventura.

Um dos mais altos tepuis, o monte Roraima, tem quase 3 000 metros de altitude e está localizado na divisa entre três países: Venezuela, Guiana e Brasil. Para proteger a parte brasileira desta montanha e a floresta a sua volta foi criado o Parque Nacional do Monte Roraima, no estado de Roraima. Dentro dos limites do parque está também o monte Caburaí, que é considerado o ponto mais ao norte do território brasileiro.

No alto do monte Roraima, a vegetação é dominada por arbustos, o chão é pedregoso e faz frio quase o ano todo, especialmente à noite,

O monte Roraima é um tepui considerado por povos indígenas a casa do deus-guerreiro Makunaíma. Outra lenda indígena diz que a montanha é a "mãe das águas" – os rios que correm no alto do monte formam cachoeiras enormes, que talvez tenham inspirado essa estória.

Mariusz Prusaczyk/Alamy/Latinstock

Fabio Colombini/Acervo do fotógrafo

Entre as plantas que ocorrem no Parque Nacional do Monte Roraima estão diversas plantas carnívoras, como esta da espécie *Drosera roraimae*.

Andre Dib/Pulsar Imagens

O sapinho-de-roraima (*Oreophrynella quelchii*) é encontrado apenas na região do monte Roraima. Do tamanho de uma tampinha de refrigerante, ele tem uma curiosa estratégia de defesa: quando se sente ameaçado, encolhe os braços e pernas e sai rolando ladeira abaixo.

quando as temperaturas podem chegar perto de zero grau Celsius. Dá para imaginar que as espécies típicas da floresta, acostumadas ao clima quente, não se dão muito bem lá em cima.

Por serem ambientes tão diferentes e isolados, o monte Roraima e os outros tepuis possuem espécies exclusivas (ou endêmicas, como os cientistas gostam de chamar) da flora e da fauna! Entre as plantas, há bromélias, orquídeas, samambaias e várias espécies de plantas carnívoras. Entre os animais endêmicos estão passarinhos, cuícas, lagartos, sapos e insetos.

A região do monte Roraima é ainda hoje muito pouco explorada. Isso leva os cientistas a acreditarem que espécies ainda desconhecidas permanecem escondidas em seus platôs. Mesmo que não abrigue cidades de ouro ou dinossauros, podemos dizer que este é verdadeiramente um mundo perdido!

PEDRO, Vinícius São. Fantástico mundo perdido. **Ciência Hoje das Crianças**, 10 maio 2016. Disponível em: <http://chc.org.br/fantastico-mundo-perdido/>. Acesso em: abr. 2017.

2 Agora, analise o texto e reveja o que você estudou neste ano.

a) Identifique o título do texto.

____

____

b) Identifique o texto que dá uma visão geral da notícia.

____

____

c) Escreva um parágrafo com poucas frases para resumir o texto.

____

____

____

d) De acordo com a notícia, que lendas e estórias foram inspiradas nos tepuis?

____

____

____

____

e) Faça um desenho do parque citado na notícia, inspirado nas lendas e outras estórias relacionadas aos tepuis.

f) Escreva textos curtos que podem ser acrescentados à página do jornal como boxes e que explicam:

- O que são parques nacionais?

______

______

______

- Por que é importante criar parques nacionais?

______

______

______

- Por que foi criado o Parque Nacional do Monte Roraima, citado na notícia?

______

______

g) Você sabe o que significam as palavras **flora** e **fauna**? Flora é o conjunto das plantas de um lugar, e fauna é o conjunto dos animais do lugar.

A notícia cita seres vivos endêmicos da flora e da fauna do monte Roraima, isto é, seres vivos que só são encontrados ali.

- Quais são os seres endêmicos da flora do monte, citados na notícia?

______

______

- Quais são os seres endêmicos da fauna do monte, citados na notícia?

______

______

- O que aconteceria a esses seres se o ambiente do monte Roraima fosse destruído?

______

______

3 Leia o texto abaixo.

Água pode ter chegado à Lua levada por asteroides, diz estudo

Se futuras missões científicas puderem extrair oxigênio das moléculas de água, os astronautas poderiam viver e respirar dentro de bases no local

Wstockstudio/Shutterstock

Uma equipe internacional de cientistas sugeriu que a água presente na Lua veio, **majoritariamente**, de asteroides que colidiram com a superfície lunar há bilhões de anos atrás, e não de cometas, como se acreditava. O estudo [...] foi feito com amostras de rochas lunares trazidas pelas missões Apollo, da **Nasa**.

Tendo surgido da colisão entre a Terra e um planeta do tamanho de Marte, há cerca de 4,5 bilhões de anos, a Lua teria sido bombardeada por [...] asteroides ricos em água e outros elementos voláteis – por dezenas de milhões de anos ou mais, segundo a pesquisa.

[...]

Cristian Cestaro/Shutterstock

Estudos foram feitos com amostras de rochas lunares trazidas pelas missões Apollo, da Nasa.

Água na Lua

Depois que as missões Apollo coletaram rochas da superfície da Lua e as trouxeram para a Terra, cientistas passaram décadas convencidos de que o nosso vizinho celeste era completamente seco. Mas há quase uma década, novas tecnologias detectaram a presença de água naquelas amostras de poeira. [...]

Embora os cientistas hoje tenham certeza de que há água retida na Lua, eles não sabem em que quantidade, disse o coautor Roman Tartese, pesquisador do Instituto de Mineralogia do Museu Nacional de História Natural da França. "O interior lunar poderia conter 1 000 trilhões de toneladas" de água, disse Tartese.

Na superfície, estima-se que haja até um bilhão de toneladas de água congelada – o suficiente para encher um milhão de piscinas olímpicas – alojada em crateras profundas ao redor dos polos norte e sul lunares, aonde os raios do sol não chegam. "Uma pesquisa recente concluiu que a água está presa lá há três ou quatro bilhões de anos", afirma Tartese.

Missões

A água na Lua poderia ter implicações muito práticas. Se futuras missões científicas puderem extrair oxigênio dessas moléculas, os astronautas poderiam respirar e viver dentro de bases na superfície lunar. Já o hidrogênio, se for separado do oxigênio, poderia ser usado como combustível para foguetes ou operações de mineração baseadas no espaço.

[...]

As novas evidências trazem novas perspectivas para as discussões entre os cientistas de [que,] ao trazer água para nosso Sistema Solar, os asteroides tiveram papel fundamental no surgimento da vida.

Água pode ter chegado à Lua levada por asteroides, diz estudo. **Veja.com**, 1º jun. 2016. Disponível em: <http://veja.abril.com.br/ciencia/agua-pode-ter-chegado-a-lua-levada-por-asteroides-diz-estudo-2/>. Acesso em: abr. 2017.

majoritário: em maior número; maioria.

Nasa: agência espacial americana.

4 Agora, analise o texto e reveja o que você estudou neste ano.

a) Identifique o título do texto.

b) Identifique o texto introdutório da notícia.

c) Esse texto introdutório não está bom, pois não dá uma visão geral da notícia. Sugira outro texto introdutório, que dê uma ideia mais precisa do conteúdo abordado.

d) Escreva um pequeno texto que poderia ser acrescentado à página do jornal como um boxe que explica o que você sabe sobre a exploração da Lua e do espaço, de maneira geral.

Banco de imagens/Arquivo da editora

A exploração da Lua e do espaço

e) Leia agora o trecho inicial de uma notícia sobre o mesmo tema.

10:15

Cientistas anunciam a 1ª missão espacial brasileira para a Lua

Um grupo de cientistas brasileiros planeja lançar a primeira missão espacial do país para a Lua em 2020. O objetivo é desenvolver a tecnologia nacional e estudar a vida em partes distantes do cosmo. Batizada de Garatéa, que em tupi-guarani significa "busca-vidas", a missão é a primeira do Brasil a viajar ao espaço profundo, região além da órbita da Terra, e consiste em um **nanossatélite** em forma de cubo, não tripulado, conhecido como *cubesat*, que irá orbitar a Lua durante pelo menos seis meses.

[...]

nanossatélite: satélite artificial tão pequeno que suas dimensões são dadas em nanômetros (um nanômetro é igual à milionésima parte de um milímetro).

LOIOLA, Rita. Cientistas anunciam a 1ª missão espacial brasileira para a Lua. **Veja.com**, 29 nov. 2016. Disponível em: <http://veja.abril.com.br/ciencia/cientistas-anunciam-a-1a-missao-espacial-brasileira-para-a-lua/>. Acesso em: abr. 2017.

Banco de imagens/Arquivo da editora

- Segundo o texto, quais são os objetivos do projeto Garatéa?

- Converse com os colegas e discuta estas questões: A exploração do espaço deve ser feita por apenas uma ou duas nações? Ou deveria envolver diversas nações do mundo? Por quê?

5 Leia o texto abaixo.

Billion Photos/Shutterstock

Esporte adaptado contribui para o desenvolvimento das crianças com deficiências

Limitações físicas não são impeditivo para praticar atividades e exercícios.
Na Associação Desportiva para Deficientes (ADD), em São Paulo, as crianças são estimuladas a fazer diferentes tipos de esportes. Foi lá que descobriram o talento do maior medalhista paralímpico brasileiro, Daniel Dias.

Carlo Bollo/Alamy/Latinstock

A prática esportiva melhora a autoestima da criança.

Ser mãe ou pai é uma tarefa desafiadora e surpreendente por si só. Mas, quando se descobre que um filho não poderá enxergar, andar ou que terá outras limitações, é preciso doses especiais de amor, coragem e empenho para assegurar que ele se desenvolva da melhor maneira possível.

Além de receber os cuidados necessários, é fundamental que a criança se sinta acolhida na sociedade e nos ambientes que frequenta. [...] Não raro, por mais **inclusiva** que a escola seja, a criança com deficiência é deixada de lado em certas atividades, principalmente as que envolvem exercícios físicos. Os pais devem ficar atentos a esse tipo de situação e buscar alternativas.

Foi o que fez Rafaela Lopes dos Santos, auxiliar de exames, 31 anos. O filho dela, Jonathas, 11, nasceu com uma má-formação na coluna e usa cadeira de rodas, mas isso não o impede de se exercitar e se divertir. "Ele pratica esporte desde os 6 anos, adora jogar basquete e *handbol*", conta a mãe. Essas atividades acontecem nas aulas da Associação Desportiva para Deficientes (ADD), uma instituição sem fins lucrativos, em São Paulo (SP), que promove a inclusão social por meio de programas de incentivo à prática esportiva. "O meu filho vai às aulas todos os sábados e sai muito feliz. Desde que comecei a levá-lo, senti bastante diferença no desenvolvimento. Ele ficou mais independente e até na escola passou a se enturmar mais", relata.

Muitos benefícios

Estima-se que 10% da população mundial (cerca de 650 milhões de pessoas) tenha alguma deficiência. Segundo a Organização das Nações Unidas (ONU), trata-se da "maior minoria do mundo". Aqui no país, dados do IBGE apontam que mais de um quinto dos brasileiros se declara deficiente – o que totaliza 45,6 milhões. As deficiências mais frequentes são visuais, físicas e auditivas. Ter alguma limitação, no entanto, não é motivo para deixar de se movimentar.

[...]

Duas décadas de história

Criada pelo professor de educação física Steven Dubner e pela administradora de empresas Eliane Miada em 1996, a ADD propicia o contato de crianças deficientes com o esporte, em aulas semanais que mesclam brincadeiras e exercícios. Foi lá, inclusive, que descobriram o talento do maior medalhista paralímpico brasileiro, o nadador Daniel Dias, quando ele ainda era criança.

"O professor Steve Dubner é brasileiro, mas trabalhou com esporte adaptado por muito tempo na Ásia, na Europa e nos Estados Unidos. Quando retornou ao país, buscou iniciativas que trabalhassem com isso e não encontrou", relembra a presidente da associação, Eliane Miada. Foi assim que ele percebeu que precisava começar seu próprio projeto.

[...]

VIEIRA, Maria Clara. Esporte adaptado: como ele contribui para o desenvolvimento das crianças com deficiências. **Globo.com**, 9 set. 2016. Disponível em: <http://revistacrescer.globo.com/Voce-precisa-saber/noticia/2016/09/paralimpiadas-esporte-contribui-para-o-desenvolvimento-de-criancas-com-deficiencias.html>. Acesso em: abr. 2017.

6 Agora, analise o texto e reveja o que você estudou neste ano.

Banco de imagens/
Arquivo da editora

a) Identifique o título do texto. Depois escreva um título de sua autoria que seja diferente dele.

b) Circule o trecho do texto que introduz a reportagem.

c) Você sabe o que é uma escola inclusiva? É a escola que **inclui** entre seus alunos as crianças que têm algum tipo de deficiência física ou mental.

Segundo o texto, qual é o problema que até mesmo essas escolas apresentam?

d) Com base no que você estudou e leu nessa notícia, responda:

- Que benefícios as atividades físicas proporcionam às crianças de modo geral?

- Que benefícios a prática de esportes proporciona a uma criança com deficiência física?

e) Você conhece o medalhista paralímpico Daniel Dias? Pesquise a história desse campeão brasileiro na internet e escreva uma reportagem curta sobre esse tema. O título pode ser: "O esporte mudou sua vida", ou outro que você preferir. Não se esqueça de incluir uma fotografia, que você pode conseguir na internet, em revistas ou nos jornais.

7 Leia o texto a seguir.

AzLa/Shutterstock

A saga da geladeira

Ela mudou a vida na Terra. Mas também tem seu lado vilã: furou a camada de ozônio [...]

Um dia você acorda com febre, calafrios, dor no corpo. Parece uma gripe, que vai embora depois de três ou quatro dias. Só que, um dia, a doença volta – e aí você percebe que a coisa é séria. Você começa a vomitar sangue, sua pele e seus olhos ficam amarelos, você mal consegue se mexer. Não há tratamento médico, inclusive porque os médicos não entendem o que está acontecendo. Mas [...] o seu médico vem trazendo uma coisa incrível: gelo, que ele coloca num balde ao lado da cama. Você se maravilha com aquela sensação fria, com o formato das pedras, com aquele negócio maravilhoso que você até sabia que existia, mas nunca tinha visto de perto.

O ano é 1851. A doença é a febre amarela, cuja causa só seria descoberta 50 anos depois. O seu médico é o americano John Gorrie e as pedras de gelo são artificiais, produzidas na primeira geladeira do mundo – que Gorrie acaba de inventar. Antes dela, a humanidade simplesmente não sabia como fazer gelo – o único jeito de consegui-lo era ir até as geleiras polares, quebrar pedaços delas e transportar de navio. Agora, qualquer um podia produzir quanto quisesse, em qualquer lugar. Bastava ter água e energia para alimentar a máquina. Gorrie percebeu que aquilo era revolucionário e foi atrás de investidores para fabricar e lançar sua invenção. Incrivelmente, ninguém topou – e ele morreu pobre, sozinho e amargurado, quatro anos depois.

Ewing Galloway/Alamy/Latinstock

Geladeira comercializada na década de 1940.

Hoje é impossível imaginar a vida em sociedade sem a geladeira. É uma ferramenta tão essencial, e tão comum, que nem pensamos na história por trás dela (a humanidade domina o fogo há 100 mil anos, mas o gelo há apenas 150).

[...]

SAYURI, Juliana. A saga da geladeira. **Superinteressante**. São Paulo: Abril, p. 62-67, dez. 2016.

8 Agora, analise o texto e reveja o que estudou neste ano.

a) Identifique o título do texto. Substitua-o por um título de sua autoria.

____

____

b) Identifique o texto introdutório da reportagem. Copie-o abaixo.

____

____

____

c) Quais são os aspectos positivos e negativos de uma geladeira?

____

____

____

____

Desafio

d) Cortamos propositalmente o texto principal que fala da geladeira como vilã (como afirma o texto introdutório). Pesquise e responda:

- Por que se diz que a geladeira "furou a camada de ozônio" da Terra?

____

____

____

- Qual é a importância da camada de ozônio para a Terra?

____

____

____

9 Leia o texto a seguir.

Banco de imagens/Arquivo da editora

Poluição do ar anula os benefícios da pedalada?

Daniel Cymbalista/Pulsar Imagens

Muitas ciclovias ficam em grandes avenidas. Seria a poluição dos automóveis um motivo para evitar o uso da bicicleta?

Os benefícios à saúde nos deslocamentos a pé ou de bicicleta podem ser anulados pela exposição do usuário à poluição atmosférica das cidades? A dúvida motivou a elaboração de uma pesquisa, com atuação conjunta de especialistas de Inglaterra, Escócia, Espanha, Suíça e Brasil.

O estudo comparou riscos da poluição do ar à saúde, cruzados com os benefícios relacionados à prática do ciclismo ou da caminhada [...], levando em conta diversos cenários de concentrações de detritos na atmosfera e de duração das viagens. O objetivo era medir em qual momento os prejuízos à saúde causados pela exposição superaria os benefícios da escolha do modo ativo de locomoção.

Na quase totalidade dos locais pesquisados, pedalar ou caminhar ainda é um bom negócio, mesmo em locais poluídos. "Constatamos que, em 98% das cidades no mundo, os benefícios à saúde proporcionados pela caminhada ou por andar de bicicleta só começam a ser superados pelos malefícios da exposição à poluição do ar depois de muitas horas", afirmou Thiago Hérick de Sá, pesquisador do Departamento de Nutrição da Faculdade de Saúde Pública da Universidade de São Paulo (FSP-USP).

[...]

Cidades do futuro

Hérick, ao lado de pesquisadores da Austrália, Estados Unidos, Inglaterra, China e Índia, chegou à conclusão de que em cidades onde moradia, postos de trabalho e serviços estão mais próximos uns dos outros, há a possibilidade de aumento do número de pessoas que utilizariam modos ativos de transporte. Esse aumento teria por consequência a redução de poluentes e de mortes.

[...]

LOBO, Renato. Poluição do ar anula os benefícios da pedalada? **Vá de bike**, 29 nov. 2016. Disponível em: <http://vadebike.org/2016/11/bicicleta-poluicao-saude-estudo/>. Acesso em: abr. 2017.

10 Agora, analise o texto e reveja o que você estudou neste ano.

a) Identifique o título do texto. Depois, escreva um título de sua autoria.

____

____

b) Essa notícia, que não tem texto introdutório, foi parcialmente cortada. Escreva um parágrafo que apresente ao leitor o conteúdo mantido.

____

____

c) Qual foi a conclusão do estudo a respeito dos efeitos da poluição sobre quem pedala?

____

____

____

d) Discuta as questões a seguir com os colegas. Anote as conclusões de vocês:

- A notícia fala em "modo ativo de locomoção", isto é, a locomoção com gasto de energia corporal, por exemplo, caminhando ou pedalando.

  Quais podem ser os benefícios dessa forma de locomoção?

  ____

  ____

  ____

- Em que situações os veículos motorizados são importantes?

  ____

  ____

  ____

- Converse com os colegas: Substituir os automóveis de uma cidade por transporte público de qualidade e bicicletas seria bom ou ruim? Por quê?

11 Leia o texto a seguir.

Queimadas no Brasil sobem 57% e batem recorde

Antes mesmo do auge da temporada seca no País, o foco de incêndios em todo o território desde o começo do ano até terça-feira, 26 [de julho de 2016], foi 57% maior que no mesmo período do ano passado. Com 40765 focos detectados até dia 26, é a maior taxa desde o início da série histórica em 1998, segundo levantamento divulgado nesta quarta, 27 [de julho de 2016], pelo Instituto Nacional de Pesquisas Espaciais (Inpe).

“Com 40765 focos detectados até dia 26, é a maior taxa desde o início da série histórica em 1998, segundo levantamento divulgado nesta quarta-feira pelo Inpe”

O dado foi anunciado em tom de alerta. “Ainda estamos no começo da temporada de queimadas. O que aconteceu até agora [é] talvez 15% ou 20% de tudo o que ainda vai acontecer”, disse ao jornal *O Estado de S. Paulo* o pesquisador Alberto Setzer, coordenador do monitoramento de queimadas do Inpe.

Gerson Gerloff/Pulsar Imagens

Incêndio em campo causado por queda de raio em Manoel Viana (RS).

Há cerca de um mês, a Nasa já tinha divulgado uma previsão de que, por causa de condições climáticas adversas, a Amazônia poderá ter neste ano a pior temporada de queimadas do registro histórico. A análise é que se trata de um reflexo do intenso **El Niño** que atinge o planeta desde o ano passado [2015], levando a um ressecamento do solo na região, que deve chegar ao auge agora com o início da temporada seca.

Os números do Inpe confirmam que, de fato, alguns estados da Amazônia já tiveram nos primeiros seis meses do ano mais focos de incêndios que os registrados desde 1998. O Mato Grosso, por exemplo, teve recorde de focos nos meses de fevereiro, março e abril, mas teve alguma redução em maio e junho. O Pará bateu recordes em fevereiro, abril, maio e junho.

"As queimadas não são um fenômeno natural, elas não ocorreriam naturalmente, ao menos não nessa quantidade, talvez 0,5% disso, nem isso. Por trás tem sempre a ação humana, de propósito ou sem querer. Aí que está a chave do problema. Se a população seguir a legislação e as autoridades controlarem, impedirem, não vai acontecer nada. Mas as condições climáticas na Amazônia de fato criam condições favoráveis para o fogo."

O problema, no entanto, vai além do El Niño, porque está ocorrendo no País inteiro e não são todas as regiões que estão sendo afetadas pelo fenômeno, pondera o pesquisador.

"Em São Paulo até tivemos muita chuva e o estado teve aumento de 145% até agora em relação ao ano passado. O Rio Grande do Sul registrou aumento de 72%, e a região foi bastante castigada pelas chuvas. Em Brasília aumentou em dez vezes o número de queimadas e não está mais seco lá do que em outros anos", enumera. "Por algum motivo, as pessoas estão botando muito mais fogo neste ano", diz.

Ele aponta que unidades de conservação também estão sendo afetadas. Só nesta quarta havia 172 áreas protegidas com algum problema de fogo, ou no interior da unidade ou na borda.

"O Parque Nacional do Araguaia está queimando há semanas, com vários incêndios gigantes. O Parque Indígena do Xingu está com focos há vários dias", afirma.

GIRARDI, Giovana. Queimadas no Brasil sobem 57% e batem recorde. **Estadão.com.br**, 27 jul. 2016. Disponível em: <http://sustentabilidade.estadao.com.br/blogs/ambiente-se/queimadas-no-brasil-sobem-57-e-batem-recorde/>. Acesso em: abr. 2017.

El Niño: fenômeno irregular, de duração variável, que se caracteriza por alterações nas temperaturas do oceano Pacífico e afeta o clima do planeta.

12 Agora, analise o texto e reveja o que você estudou neste ano.

a) Identifique o título do texto. Depois, escreva um título de sua autoria.

____

____

b) Como você deve ter notado, essa notícia não traz o texto introdutório, que a resume e apresenta o assunto ao leitor. Escreva você mesmo um parágrafo curto como texto introdutório para a notícia.

____

____

____

c) Por outro lado, a notícia traz o que em jornalismo é chamado de olho.

- Circule no texto o olho da notícia.
- Qual é a função do olho em uma notícia de jornal?

____

d) Converse com os colegas e responda às questões a seguir.

- Quantos focos de incêndio foram detectados entre o início do ano de 2016 até o dia 26 de julho do mesmo ano? ______________
- Que estados brasileiros são citados na notícia como focos de incêndio detectados?

____

____

____

- De acordo com a notícia, qual é a principal causa dos incêndios detectados?

____

- Quais podem ser as consequências desses incêndios? Anote as conclusões no caderno.

Chegou a hora de finalizar este trabalho. É o momento de fazer um jornal ou uma revista de verdade.

- Escolha o tema da notícia ou reportagem que você vai escrever. O tema deverá ter sido estudado nas suas aulas de Ciências deste ano.
- Escreva a primeira versão da sua notícia ou reportagem. Considere-a o seu rascunho.
- Releia seu texto e defina títulos e subtítulos.
- Escreva um texto introdutório, que resume a notícia ou reportagem.
- Escreva um boxe com alguma informação específica da notícia ou reportagem.
- Reveja o texto e modifique o que julgar necessário.
- Peça a um colega que leia o seu texto; ele fará críticas e também revisará o que você escreveu. Faça o mesmo com o texto dele.
- Escreva novamente o texto procurando atender aos comentários do seu colega.
- Acrescente as imagens: fotos e ilustrações. Não se esqueça de registrar os créditos dessas imagens.
- Com os colegas e com a ajuda do professor, organize a sequência de páginas do jornal que a turma está produzindo.

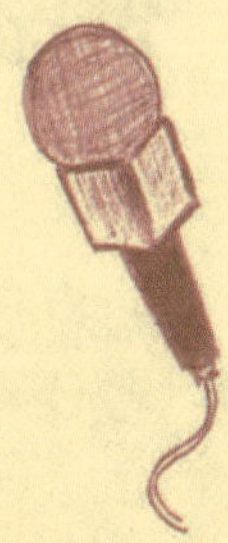

Ilustrações: Banco de imagens/Arquivo da editora

Hagaquezart Estúdio/Arquivo da editora

Ciências

Projeto **Ápis**

5º ano

Caderno de atividades

editora ática

Rubens Gomes/Arquivo da editora

Sumário

Unidade 1

Capítulo 1
Parques nacionais e áreas verdes

1 Analise a área verde estudada por algumas crianças. Depois, complete a tabela da página seguinte, que começou a ser feita, para descrevê-la.

Ilustração: Hagaquezart Estúdio/Arquivo da editora; Foto: Fernando Esselin/Acervo do fotógrafo

Nome: quaresmeira.
Descrição: planta arbórea, natural do Brasil. Floresce de forma exuberante no período da quaresma, mas pode também dar flor em diferentes épocas do ano.

Nome: alamanda.
Descrição: arbusto nativo do Brasil. Flores em forma de funil, mais abundantes na primavera e no verão. Muito usado como cerca viva.

Nome: grama são-carlos.
Descrição: planta rasteira, resistente, cultivada para gramados de jardins.

Fotos: Fernando Esselin/Acervo do fotógrafo

Nome: cana-índica, biri ou beri.
Descrição: planta ornamental, herbácea, de até 1,5 m de altura, cujas flores, grandes, permanecem quase o ano inteiro. Própria para locais que recebem sol diretamente.

	Nome popular da(s) planta(s)	Número de plantas identificadas
Planta rasteira		
Arbusto		
Árvore		
Epífita		

2 Depois de conhecer os parques nacionais, responda: Por que é importante criar unidades de conservação como os parques nacionais?

Andre Dib/Pulsar Imagens

Parque Nacional da Chapada dos Veadeiros (GO), em 2016.

Unidade 1

Capítulo 2
Exploradores da Terra

1 Vamos fazer uma bússola?

Como fazer

1. Comece transformando a agulha em ímã. Para isso, esfregue suavemente, sempre no mesmo sentido, uma extremidade do ímã em toda a extensão da agulha aproximadamente trinta vezes. A mão que segura a agulha deve ficar parada, apoiada sobre a mesa; a outra mão, que segura o ímã, é que deve fazer os movimentos.

Atenção !
Segure a agulha firmemente e apoie a mão sobre uma mesa. Assim você evitará acidentes.

2. Com um pedaço de fita adesiva, fixe a agulha magnetizada sobre a cortiça. Deixe o conjunto agulha-cortiça flutuando em uma vasilha com água.
3. Observe o que acontece. Depois, troque ideias com os colegas e responda: Como podemos nos certificar de que a agulha da bússola construída por você indica realmente a direção norte-sul?

____

____

____

____

____

Material

- Fita adesiva
- Uma agulha grande de costura
- Um ímã
- Um pedaço de cortiça redondo (3 cm de diâmetro)
- Um prato fundo com água

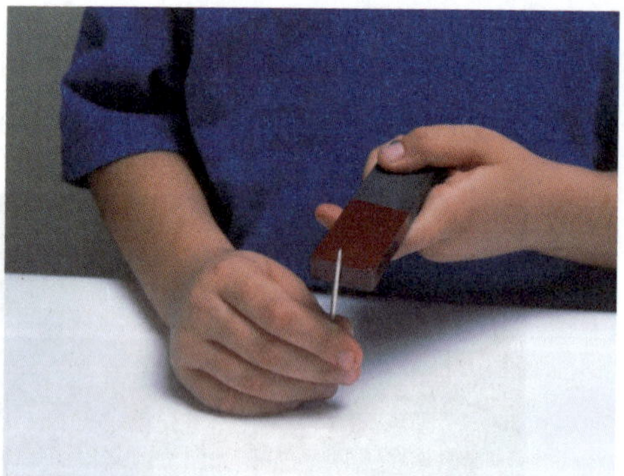

Fotos: Sérgio Dotta Jr./the next

Monte um mostrador para a sua bússola indicando na cortiça o norte, o sul, o leste e o oeste.

2 Vamos brincar de caça ao tesouro. Com o auxílio de uma bússola, um grupo de alunos espalha pistas pela escola com as indicações de onde está o tesouro. Exemplo de pista: "Caminhe 10 passos para o leste; depois, dê 3 passos para o norte: aí você encontrará a próxima pista". Para seguir as pistas até o tesouro, os outros alunos também vão precisar de uma bússola.

3 Sua classe está preparando uma revista chamada **Exploradores da natureza**. Aplicando o que você aprendeu, escreva abaixo um texto para essa revista, considerando o título, a foto e a legenda abaixo.

Bro Crock/Shutterstock

Uma volta pelo mundo

Tristan Tan/Shutterstock/Glow Images

Selo impresso por volta de 1990 mostrando a imagem de um navio, no 500º aniversário da descoberta da América.

Unidade 1

Capítulo 3
Exploradores do Universo

1 A revista **Exploradores da natureza**, que sua classe está preparando, precisa de mais um texto. Com o título dado abaixo, escreva o texto no espaço a seguir, considerando a fotografia, a legenda e o que você aprendeu sobre o assunto.

Mistérios do Sistema Solar

Nasa/Arquivo da editora

Superfície do planeta Marte em fotografia obtida por uma sonda espacial.

2 Para cada conjunto de palavras abaixo elabore um texto e um esquema para sintetizá-lo.

Sistema Solar	Terra	planetas

____
____
____
____

Terra	astronautas	foguetes

____
____
____
____

Sistema Solar	estrela	planetas	luas

____
____
____
____

Hagaquezart Estúdio/Arquivo da editora

Unidade 2

Capítulo 4
Movimente-se

1 Depois de andar de bicicleta por meia hora, Lico estava com fome e queria comer algo. Observe o que aconteceu.

Hagaquezart Estúdio/Arquivo da editora

- Será que Lico precisa comer o bolo inteiro para suprir suas necessidades energéticas? Analise a tabela abaixo e escreva a sua conclusão.

Alimentação / atividade	Valor / gasto energético
1 fatia de bolo de chocolate	fornece cerca de 230 kcal
andar de bicicleta por meia hora	consome cerca de 225 kcal

Fernando Favoretto/Criar Imagem

2 A primeira tabela apresenta o gasto energético de uma pessoa abaixo de 60 quilos associado à natação de diferentes estilos. Com base nesses dados, analise o treino de uma aula de natação de, aproximadamente, 60 minutos apresentado na segunda tabela e desvende: Qual foi o gasto energético exigido do atleta durante esse treino?

Hagaquezart Estúdio/Arquivo da editora

Estilo de natação	Gasto energético (em kcal/hora)
Nado livre, ritmo forte	590
Nado livre, ritmo lento	413
Nado de costas	413
Nado de peito, ritmo forte	590
Nado borboleta	649
Brincar na água	354

Treino realizado	Tempo de atividade em minutos	Gasto energético (em kcal/hora)
Aquecimento, nado livre, ritmo lento	2	
Nado livre, ritmo forte	5	
Nado de costas	2	
Nado livre, ritmo forte	10	
Nado de costas	2	
Nado borboleta	2	
Nado livre, ritmo forte	5	
Nado borboleta	2	
Nado livre, ritmo forte	10	
Brincar na água	5	
Total		

Capítulo 5
Por dentro do corpo

1 Um aluno desenhou as estruturas do corpo relacionadas à digestão. Só que ele indicou errado o nome de algumas estruturas e se esqueceu de escrever o nome de outras. Refaça o desenho, no quadro abaixo, com as correções e indicações necessárias.

Cores fantasia

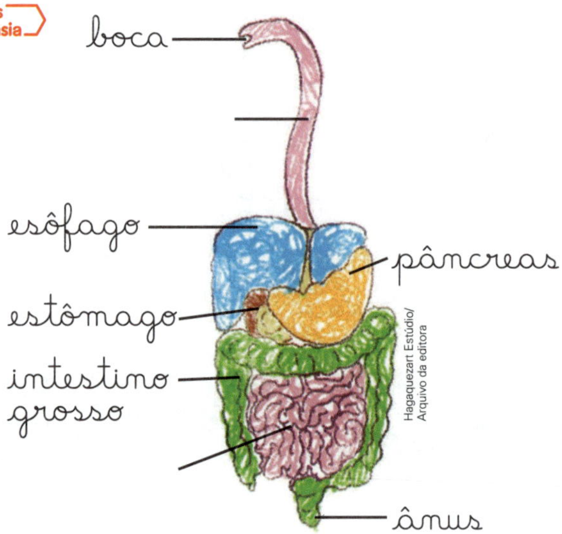

Hagaquezart Estúdio/ Arquivo da editora

2 Explique o que acontece em cada uma das seguintes estruturas do corpo humano: estômago, fígado, intestino delgado, intestino grosso. Nas suas respostas, utilize os termos do banco de palavras.

alimento	fezes	digestão	água	absorção

3 A cruzadinha abaixo já foi resolvida. Troque ideias com os colegas sobre as frases possíveis para cada item. A primeira já foi escrita por uma aluna.

Hagaquezart Estúdio/Arquivo da editora

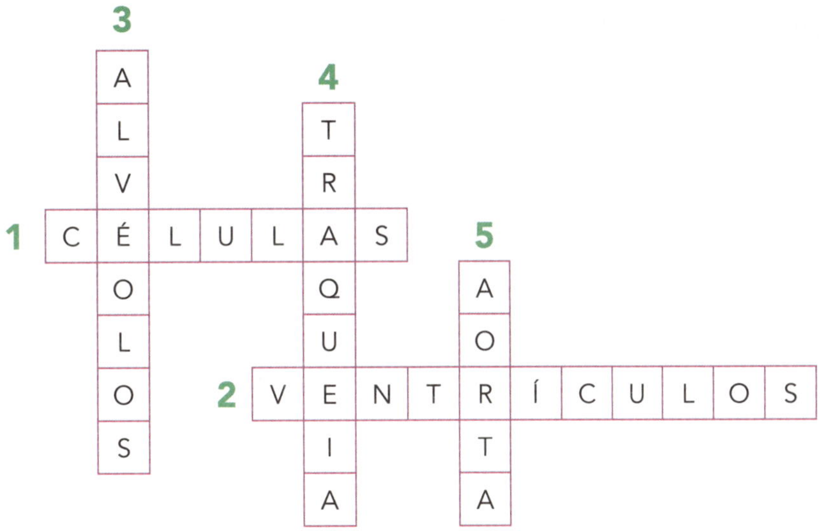

1. Nome das estruturas que formam o nosso corpo e que podem ser vistas ao microscópio.

2. ______________________________

3. ______________________________

4. ______________________________

5. ______________________________

4 Observe as respostas que um aluno deu para as perguntas feitas no quadro abaixo. Analise-as e, no caderno, indique as correções.

Pergunta	Resposta com base no que já conheço
Quantos pulmões temos?	1 pulmão
O que existe dentro do coração?	Ar e sangue
O que é traqueia?	É uma veia do corpo
Por onde passa o ar que respiramos?	Pelo nariz e pela boca

Unidade 2

Capítulo 6
O corpo como você nunca viu

1 Esta cruzadinha já está resolvida. Agora, crie frases para cada um dos itens usando o banco de palavras.

filho 7ª semana mãe estrutura desenvolvimento gestante
ser nutrientes mulher produzidos fecundação 8ª semana homem

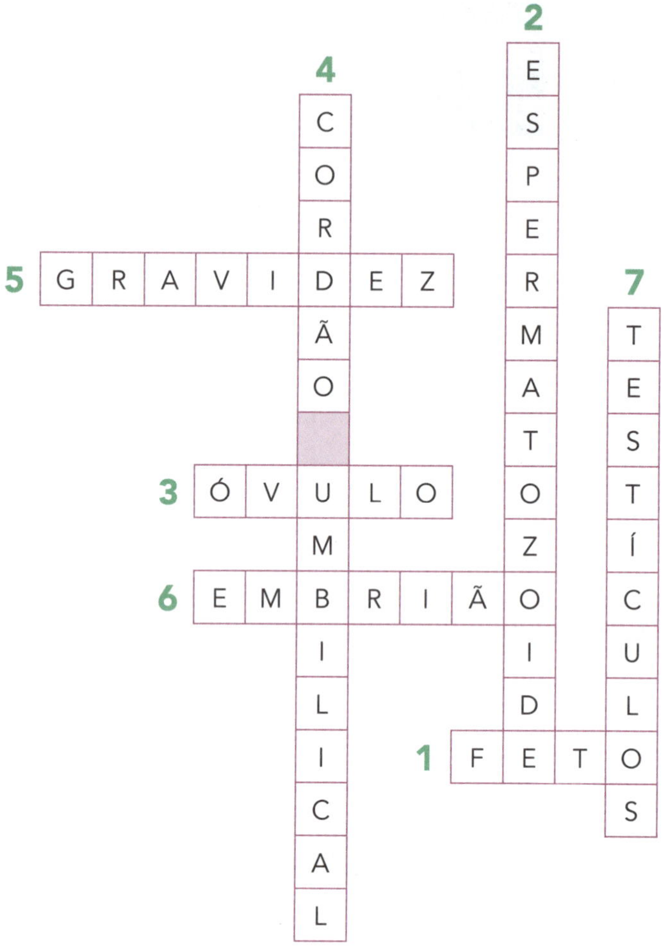

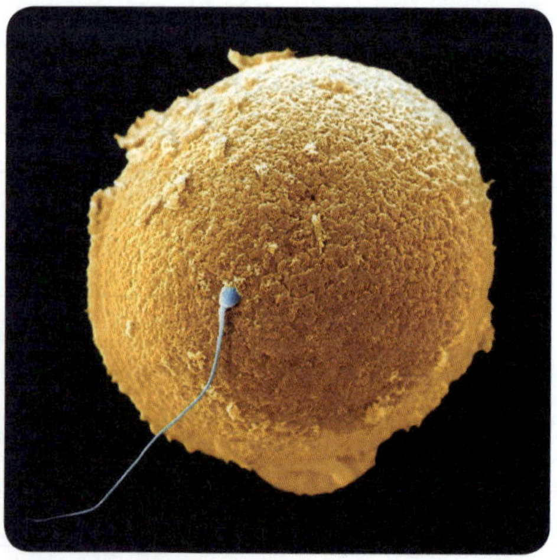

Eye of Science/Science Photo Library/Latinstock

Óvulo (cerca de 0,1 mm de diâmetro) e espermatozoide (0,04 mm de comprimento). A imagem corresponde a uma ampliação de 490 vezes ao microscópio eletrônico de varredura (coloração artificial).

2 Observe abaixo a conversa de alguns alunos.

Fabio Eugênio/Arquivo da editora

- Você concorda com o que eles estão dizendo ou não? O que você diria para esclarecer as dúvidas deles? Responda com base no que você estudou neste capítulo.

3 Escreva o significado dos verbetes para a **Enciclopédia digital das crianças**.

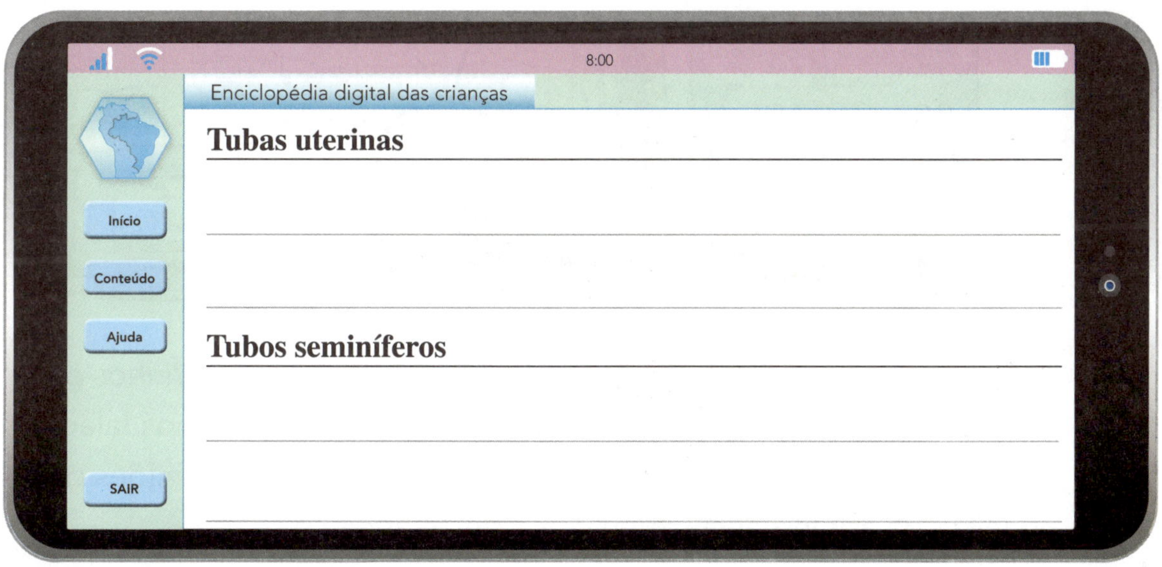

Banco de imagem/Arquivo da editora

Capítulo 7
Nosso corpo em mudança

Unidade 3

1 Leia a história em quadrinhos.

- Agora é a sua vez! No caderno, faça uma história em quadrinhos para retratar, com bom humor, o que crianças com cerca de 8 anos falam do sexo oposto. Represente na mesma história também as opiniões de jovens no início da adolescência, com cerca de 14 anos.

2 Complete o quadro abaixo com base no que você estudou neste capítulo.

	Mudanças no corpo relacionadas à adolescência
Ocorre só nas meninas	
Ocorre só nos meninos	
Ocorre em meninos e meninas	

3 Em dupla com um colega, faça um cartaz citando alguns sinais de que a adolescência está chegando. Veja como está ficando o cartaz que uma dupla de alunos começou a fazer.

Hagaquezart Estúdio/Arquivo da editora

Unidade 3

Capítulo 8
Nossa alimentação, nossa saúde

1 Leia as informações indicadas com setas na embalagem do biscoito integral e na do macarrão.

Valor nutricional médio em 100 g do produto:
Valor energético (kcal) .....433,7 Proteínas (g) ....9,3 Carboidratos (g) ....70,9 Lipídios (g) ....13,6 Fibra alimentar (g) 3,2

Validade: 04/11/2021

Conservar em lugar fresco e seco.

Hagaquezart Estúdio/Arquivo da editora

INFORMAÇÕES NUTRICIONAIS
100 g deste produto contêm em média:
Carboidratos ....75 g Lipídios ....1 g Proteínas ....14 g Calorias (kcal) 365

Validade: 09/09/2021

Conservar em lugar seco e arejado.

2 Utilize as informações das embalagens dos alimentos para completar o quadro que um aluno começou a fazer.

	Biscoito integral	Macarrão
Data de validade	04/11/2021	09/09/2021
Análise nutricional (100 g do produto)	proteínas 9,3 g carboidratos ____ lipídios ____ fibras ____	____ ____ ____
Valor energético (100 g do produto)	____	____
Condições de conservação	____ ____ ____	____ ____ ____

3 A tirinha abaixo está relacionada ao tema "O que tem nos alimentos". Solte sua criatividade e, no caderno, faça uma tirinha bem-humorada para mostrar algo que você aprendeu sobre esse tema neste capítulo.

© Laerte/Acervo do cartunista

4 Acompanhe a conversa entre pai e filha.

Ilustrações: Hagaquezart Estúdio/Arquivo da editora

- Agora, faça o papel do adulto: Argumente usando o que você aprendeu ao estudar a pirâmide alimentar.

____

____

____

Unidade 3

Capítulo 9
Nosso estilo de vida, nossa saúde

1 O gráfico abaixo reproduz os resultados de uma pesquisa sobre hábitos alimentares de um grupo de dez pessoas. Leia os comentários feitos em forma de notas pelo pesquisador e identifique qual coluna do gráfico corresponde a cada uma das anotações.

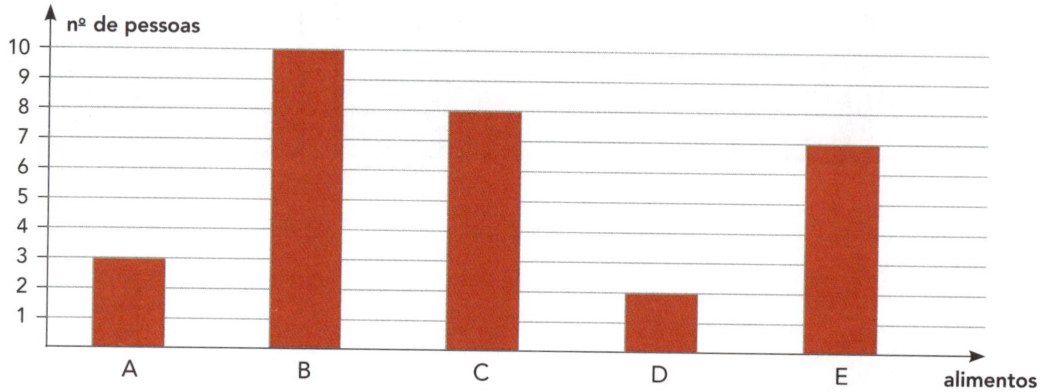

- [ ] Todas as pessoas têm o hábito de tomar refrigerante todos os dias.
- [ ] Oito pessoas costumam comer doce com frequência.
- [ ] Somente duas pessoas comem salada diariamente.
- [ ] Sete pessoas têm o hábito de comer batata frita constantemente.
- [ ] Três pessoas costumam comer fruta todos os dias.

2 Analise os hábitos alimentares revelados na pesquisa e responda às dúvidas das crianças no caderno.

Quanta Estúdio/Arquivo da editora

3 Você e os colegas possuem hábitos que promovem a saúde? Uma forma de descobrir isso é fazendo entrevistas.

Material

- Caderneta de anotações
- Cartolina
- Prancheta

Como fazer

1. Em duplas, elaborem um questionário para conhecer os hábitos de quem vocês vão entrevistar. Vamos perguntar:

2. Selecionem pessoas de diferentes classes da escola para serem entrevistadas. Registrem as conversas em uma caderneta de anotações. Se possível, gravem as entrevistas.

3. Em uma tabela, listem as perguntas que vocês escolheram e as pessoas que entrevistaram. Organizem as informações coletadas.

Ilustrações: Hagaquezart Estúdio/Arquivo da editora

4. Compartilhem o resultado das entrevistas com os colegas. Em geral, as pessoas entrevistadas possuem hábitos que promovem a saúde?

Unidade 4

Capítulo 10
Os dois "lados" das invenções

1 Leia a história em quadrinhos e depois responda às perguntas.

a) Qual é a invenção humana que mereceu destaque nessa história?

____

b) Qual aspecto dessa invenção desagradou a Mônica?

____

____

2 Dê um título para o texto abaixo.

___

Ilustrações: Quanta Estúdio/Arquivo da editora

Cara ou coroa,
que será que vai dar?
Ninguém sabe ao certo
jogue pra verificar.

Para muitas invenções
o mesmo pode apostar
positivo, negativo
É uma questão de olhar.

É assim que elas são
assim sempre serão
os dois lados da moeda
invenções sempre terão.

Texto do autor.

- Termine de ilustrar o texto, desenhando o que a "outra face" das últimas moedas conteria.

3 Agora é hora do debate: Será que o autor exagerou ao afirmar que as invenções sempre terão aspectos positivos e negativos? Troque ideia com os colegas e argumente a favor de seu ponto de vista.

Unidade 4

Capítulo 11
Invenções: o domínio do fogo e da água

1 Leia esta história da mitologia grega e troque ideias com os colegas: Ao dominar o fogo, o ser humano obteve que conquistas?

SI_photo/Shutterstock

Prometeu revela o segredo do fogo

Paulo Manzi/Arquivo da editora

Certa manhã, Zeus, o pai de todos os deuses, mandou chamar Prometeu:

— Decidi criar uma raça de seres semelhantes a nós em forma, mas não em poder. Preciso que modele tais seres para mim.

No outro dia, Prometeu modelou as criaturas com água e uma mistura de barro que havia preparado e apresentou-as a todos os deuses.

Zeus, com sua autoridade, declarou:

— Enviarei essas criaturas à Terra, onde viverão sob nosso domínio.

* * *

O tempo passava e Prometeu ficava cada vez mais inquieto. Como era possível Zeus não perceber o estado de ignorância de tais criaturas? Serviam-se somente dos seus membros para viver na Terra, habitavam cavernas e não conseguiam utilizar recursos da natureza. Foi então que tomou uma decisão: "Vou lhes ensinar o necessário para que levem uma vida digna e feliz".

* * *

Os seres humanos aprendiam tudo o que Prometeu lhes ensinava. Tanto que Prometeu resolveu revelar a eles um dos segredos mais bem guardados pelos deuses: levou aos seres humanos um pouco da chama eterna.

Logo depois, os homens começaram a usar o fogo para cozinhar, fazer vasilhas de barro, forjar seus instrumentos de caça, se aquecer no frio.

Quando viu o que estava acontecendo, Zeus ficou enraivecido e declarou:

— Agora, com o fogo, o ser humano poderá ser um rival perigoso. Em pouco tempo essas criaturas terão poderes divinos! Prometeu pagará pelo que fez!

Adaptado de: Sílvia Agustín e Manuel Cerezales. **Prometeo**. Madri: Anaya, 1993.

2 Complete estes esquemas que os alunos começaram a fazer.

Materiais combustíveis
exemplos
→ ______
→ ______
→ ______

Queimadas
liberam
→ ______
→ ______
→ ______

Queimada
contribui para
→ ______

Combustão
para ocorrer precisa de um
→ ______

3 Observe uma fotografia de uma máquina a vapor. As setas indicam o movimento de algumas das partes dessa máquina. Troque ideias com os colegas e explique o funcionamento dessa invenção. Para isso, termine de escrever o que as legendas internas dizem.

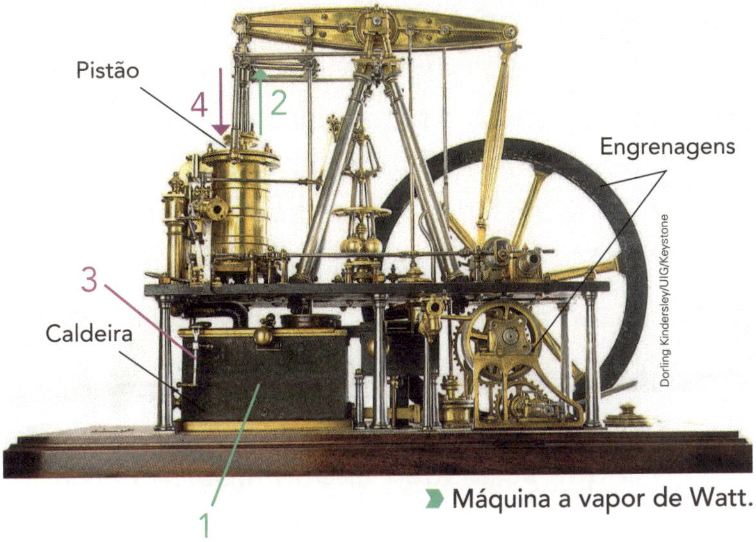

Máquina a vapor de Watt.

1. A água no estado líquido, ao ser aquecida, se transforma em ______.

2. O ______ faz o pistão se mover para cima.

3. O vapor de água esfria e se transforma em água no estado ______.

4. Com a ______ do vapor, o pistão se move para baixo.

Unidade 4

Capítulo 12
Ciência, tecnologia e o nosso futuro

1 Leia o texto e conheça o final da história de Prometeu.

SI_photo/Shutterstock

Passados muitos anos, Prometeu se livrou do seu castigo.

Mas os planos de Zeus para os seres humanos não haviam acabado.

O senhor de todos os deuses presenteou Epimeteu, irmão de Prometeu, com Pandora, o ser humano mais perfeito que até então havia sido criado.

E Pandora não vinha só. Trazia com ela uma caixa dada por Zeus junto com uma instrução:

— Leve esta caixa sempre com você. Não a abra por nada. Lembre-se: jamais viole o segredo da caixa!

* * *

Mas foi questão de tempo até Pandora ficar curiosa:

"Vou abrir a caixa só um pouquinho", pensou ela. "Uma caixa assim tão pequena e delicada nada ruim há de guardar."

E, tal como planejara Zeus, ao abrir a caixa, Pandora libertou todos os males que desde então afligem a humanidade.

Então Zeus finalmente aquietou-se:

— A partir de agora a vida dos humanos será uma luta constante contra as dificuldades. Assim, jamais aspirarão ao meu trono.

Adaptado de: Sílvia Agustín e Manuel Cerezales. **Prometeo**. Madri: Anaya, 1993.

- O que será que Pandora libertou ao abrir a caixa que ganhara de Zeus? Em uma folha avulsa faça um desenho.

2 Troque ideias com os colegas sobre o tema abaixo. Depois, escreva as suas conclusões no caderno.

O conhecimento científico e tecnológico tem sido sempre utilizado em favor da qualidade de vida das pessoas?

3 No caderno, desenhe novamente estas imagens modificando a cidade. Procure representar o que as pessoas sugerem.

Ilustrações: Quanta Estúdio/Arquivo da editora

Zig Koch/Opção Brasil Imagens

Story/Shutterstock

Valdir de Oliveira/Fotoarena

Ed Viggiani/Pulsar Imagens

Alexandre Tokitaka/Pulsar Imagens

UMA LEITURA - UM RESUMO

Unidade 1 – Explorar é preciso

Leia o poema abaixo, que fala sobre a exploração do planeta Marte. Depois, escolha um acontecimento da exploração espacial ou do planeta Terra, estudado na unidade 1, e escreva um poema sobre ele.

Em seu texto, procure resumir as informações mais importantes que você acha que aprendeu na unidade 1 deste livro.

Marte: a aventura do robô Sojourner

Mandaram um robô para missão em Marte
E ele rodou, rodou, rodou por toda a parte.
Sua tarefa era vasculhar todo o planeta,
Mais vermelho que pimenta-malagueta.
Trabalhava sem parar, não precisava de comida
E tentava achar no solo algum vestígio de vida.
Nunca procurou seres-de-cabeça-roxa,
Mas pesquisou pedras e grandes rochas.
Não é que os cientistas fizeram grande maldade:
Largar o coitado em Marte, morrendo de saudade.
Pois ficará por lá, pererecando, a vida inteira,
Deixando aqui na Terra, sua amiga, a batedeira.

Hagaquezart Estúdio/Arquivo da editora

José Santos e Mariângela Haddad. **Estrelas do céu e do mar**. São Paulo: Paulus, 2005.

Hagaquezart Estúdio/Arquivo da editora

Unidade 2 – O corpo dinâmico

Leia o texto abaixo e relembre o que você estudou na unidade 2. Depois, no caderno, explique sua resposta para a questão.

Em sua resposta, procure resumir as informações mais importantes que você acha que aprendeu na unidade 2 deste livro.

A barriga e os membros

Certo dia, ocorreu aos membros do corpo que só eles trabalhavam enquanto a barriga sozinha recebia toda a comida.

Eles decidiram então fazer uma reunião e, após longa discussão, resolveram entrar em greve até que a barriga concordasse em realizar uma parte do trabalho.

Durante alguns dias, as mãos se recusaram a pegar alimentos, e a boca se recusou a recebê-los.

Passado algum tempo, no entanto, os membros começaram a se sentir fracos. As mãos não conseguiam se mexer, a boca murchou e as pernas nem eram capazes de se sustentar sobre os pés.

Assim, os membros descobriram que a barriga, a seu modo, realiza uma tarefa importante para o corpo, e que todos devem trabalhar juntos e fazer a sua parte para que o corpo possa funcionar.

A barriga e os membros. **UOL Crianças**. Disponível em: <www1.uol.com.br/criancas/fabulas/flash/barrigasom.html>. Acesso em: ago. 2017. (Adaptado.)

- As partes do nosso corpo dependem ou não umas das outras?

Hagaquezart Estúdio/Arquivo da editora

Unidade 3 – Ser saudável

Leia a HQ abaixo.

Em sua resposta, procure resumir as informações mais importantes que você acha que aprendeu na unidade 3 deste livro.

- Uma das coisas de que precisamos para uma vida saudável é ter atitudes positivas diante dos acontecimentos. Escreva em seu caderno exemplos de atitudes positivas que você pratica ou já praticou em sua vida.

Unidade 4 – Admirável mundo novo

Leia o texto abaixo, a respeito da infância de um grande inventor brasileiro. Depois, no caderno, responda à questão.

Em sua resposta, procure resumir as informações mais importantes que você acha que aprendeu na unidade 4 deste livro.

Santos Dumont inventor

Santos Dumont gostava de brincar e gostava de ler. Sabia que lendo é que se aprende muita coisa que a gente não sabe.

O pequeno Santos Dumont adorava os livros de Júlio Verne.

Júlio Verne contava histórias fantásticas. Para o mundo daquele tempo, elas eram assombrosas. Faça só uma ideia: os livros de Júlio Verne narravam, por exemplo, viagens ao fundo do mar e viagens espaciais.

Essas leituras encantavam Santos Dumont. Seria possível tudo aquilo? Por que não?

Algumas pessoas mais velhas achavam aquelas ideias absurdas e impraticáveis. O menino Santos Dumont não acreditava em coisas impraticáveis. Para ele não existia a palavra “impossível”. Parafusando os miolos, punha-se a pensar longamente. Não podia acreditar que fosse coisa impossível o homem conquistar o espaço.

O bicho-carpinteiro, que existe em todo inventor, começava a fazer das suas. Santos Dumont começou a pensar no problema que ninguém soubera ainda resolver: voar. Não queria apenas se distrair com qualquer brinquedo para matar o tempo. Ele mesmo construía as suas pipas. Comprava o papel, estudava o tamanho das varetas como se estivesse construindo alguma coisa muito importante.

Soltava depois a pipa. Atento, ninguém seria capaz de distraí-lo. Não perdia um só dos movimentos da pipa no ar. Sabia a direção do vento; conhecia, mais que qualquer um, a arte de empinar pipas.

Francisco de Assis Barbosa. **Santos Dumont inventor**. Rio de Janeiro: José Olympio, 2007. (Adaptado.).

- Em sua opinião, como as invenções podem transformar o mundo em que vivemos?

Hagaquezart Estúdio/Arquivo da editora